EVERYTHING
YOU NEED
TO KNOW TO BUILD AN
AQUAPONICS SYSTEM

魚菜共生
自學指南

吳 瑞 梹 ── 著

1

觀念建立

2

硬體條件

3

系統設計

4

開始運作

附錄

觀念建立

前言

魚菜共生式的農漁產品生產方式，同時具有「永續」、「綠色」、「對環境友善」、「系統建構的彈性大」、「能同時收穫魚與菜」等特性。近幾年，它不僅引發愈來愈多城市農夫們的高度興趣，更成功地吸引許多媒體大幅度的報導。「魚菜共生」儼然已成為近年新興農業裡，最熱門的話題之一。

何謂魚菜共生？

魚菜共生，也有人稱為「養耕共生」，就字面上的意思來解釋，即是把魚和菜（植物）養殖、種植在一起，讓牠（它）們共同生活。「魚菜共生」的英文「Aquaponics」是由兩個單字所組成的新字，即取「aquaculture」（水產養殖）的「aqua-」，與「hydroponics」（水耕栽培）的「-ponics」。簡言之，這是一種同時結合水產養殖與作物栽培的生產方式。美國魚菜共生園藝社群「The Aquaponics Gardening Community」（http://community.theaquaponicsource.com）更把魚菜共生的內涵與特性直接下在定義之中，大意為：「魚菜共生即是將魚與植物共同培養在一人造生態循環系統之中，並利用細菌自然的循環將魚產生的廢物轉變成植物的養分。魚菜共生同時兼具水產養殖與水耕栽培兩者的優點，但卻不需排放用水與過濾穢物，更不需額外添加化學肥料，是一

種植於養殖池旁的蔥。

在菜田的一旁挖個水池養魚，讓養魚的水為作物施肥，就是現代化魚菜共生的早期雛型。

個對環境友善且能讓植物自然生長的栽培方法。」

事實上，將養殖魚類的排泄物當成植物所需的肥料並不是近年才興起的新概念。雖然因年代久遠而不可考，但包括中國在內的世界各地，早已有養殖漁夫在魚池旁種菜或是農夫在稻田旁養魚的記載。它的原理，即是魚隻的尿糞被水裡與土壤裡的微生物分解之後，可以作為植物生長所需的養分。這就是「現代化魚菜共生系統」（modern aquaponics）的雛型。

還有一種由坊間業者開發，在密閉但裝水的玻璃容器中，放置幾隻小蝦、幾根水草，任其在容器中形成自然循環，標榜「免餵食、免換水、具療癒性」等特點的「生態球」產品。在暫時不探討動物福利相關議題的前提之下，其原理上利用的也就是魚菜共生的概念。甚至，更廣義一點地說，一般人在家中設置水族箱來養魚種水草，由於魚的排泄物可作為水草養分的來源之一，因此也能算是一種魚菜共生。

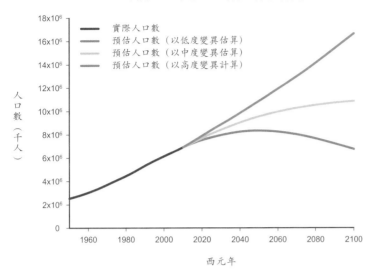

西元 1950 年至 2100 年的全球人口數變化

人口數（千人）

- 實際人口數
- 預估人口數（以低度變異估算）
- 預估人口數（以中度變異估算）
- 預估人口數（以高度變異計算）

西元年

在小的玻璃容器中種植幾根水草，飼養一、兩條小魚，也是魚菜共生的一種形式。

現代化魚菜共生系統通常是結合「循環水水產養殖系統」與「水耕栽培系統」而成。

有別於前述者，將現代化水產養殖與作物栽培的技術結合，建構一個能同時生產魚與菜產品的封閉系統，便是所謂的「現代化魚菜共生」。更精確一點地說，目前主流的現代化魚菜共生系統即是結合「循環水水產養殖系統」與「水耕栽培系統」而成。現代化魚菜共生系統的研究與開發，可以追溯回西元 1980 年代美國新煉金研究所（New Alchemy Institute）與北卡羅萊納州立大學（North Carolina State University）的 Dr. Mark McMurtry 等人所進行之研究。不過，現代化魚菜共生系統在西元 1997 至 2000 年間開始能夠被推行至中、大型規模運作生產的最大功臣，當屬維京群島大學（University of the Virgin Islands）的 Dr. James Rakocy 等人。也因此，現仍十分活躍的 Rakocy 博士被人們稱為「魚菜共生之父」。

魚菜共生的發展緣由

一般而言，會促成人們對非傳統形式糧食生產方式進行研究與開發的原因，不外乎是為了因應糧食需求上升、實際供給卻下降的窘況。十八世紀之後，農業與工業革命的展開促成人類生活水平提高，嬰兒出生率與存活率增加，死亡率下降，平均壽命明顯延後——這些都是人口數快速增加的原因。根據美國人口調查局（US Census Bureau）的調查統計，截至 2010 年全球總人口數已突破 70 億。而聯合國（The United Nations）更是預估，在 2100 年時，全球人口總數可能維持在約 60 億，也有可能提高到 160 億。龐大的全球人口數量，需要足夠的糧食來支撐。

地球上的資源是有限的，伴隨著工商業與都市化的發展，可用來進行

01 人為活動所產生的汙水排放。02 若使用受到汙染的水資源來灌溉作物，對作物和人體的健康都有極大風險。03 過度使用化學肥料是使得土壤貧瘠的原因之一。

農業生產的土地資源與水資源不僅變少，甚至可能已受到汙染。再加上因為人類活動所造成全球性的石油能源枯竭、過度漁撈、森林砍伐等推波助瀾之下，天然動植物資源的豐富度已經日漸下降。同時，氣候的變遷與不穩定更嚴重增加了傳統農耕養殖的生產難度及成本。這種種原因，使得全球糧食的生產受到相當大的限制。也許現今人類活動所消耗的自然資源，早已經超出地球所能夠負荷的範圍而不自知了！

是故，一些訴求在有限的空間與有限的資源中，能生產出最高密度與最大量產品的農漁業生產方式也因應而生——如無土栽培、植物工廠、高密度循環水的水產養殖等。由水耕栽培與循環水養殖結合的魚菜共生，更是訴求零（低）汙染物排放、無（低）化學肥料使用、充分利用水資源等對環境友善的概念。

魚菜共生系統的特點

單純的循環水養殖在較高的硬體成本考量下，多會選擇提高養殖生物的密度以增加單位水量的生產量。為了處理因超高密度養殖魚隻時所產生的極大量含氮廢物，在循環水養殖系統中必定會設置水質過濾處理設備。不過，即便過濾設備規劃與運作得再完善，仍然需要定期排水與換水。此

04 植物工廠一隅。05 無土（水耕）栽培法能夠在有限的空間中生產出安全的作物。圖為家庭式水耕栽培系統，攝於 2015 年台北植物工廠展。

時，排出的水體裡因含有大量含氮廢物，將會對環境造成汙染。

在一般水耕栽培系統中，由於植物並非種植於土壤，其生長發育所需的養分完全得由含有多種植物所需元素的「養液」來提供。養液本身是由多種複雜化學物質依配方比例所配製而成，在原料購買與調配上皆具有一定的成本；再者，因為「化學物質」的使用，也容易引發一般消費者的誤解而對生產作物的安全性有所疑慮。

反觀結合前述兩者的現代化魚菜共生，則完全沒有上述的問題。一個建構完善的魚菜共生系統，幾乎不需要排放廢水，僅需補充因自然蒸發、水沫飛濺等因素所造成的水分減少即可——不僅可以節省用水，也不會排放含有大量含氮廢物的水體至環境中造成汙染。投餵飼料飼養魚隻，牠們

水耕栽培作物依靠非土壤的介質來固持植株，其根系直接接觸養液，吸收成長所需的營養。

會日漸長大至市場需要的尺寸；同時，吸收來自於魚隻排泄物轉化而成的肥料之後，水耕栽培區的植物自然也會茁壯甚至結果。換言之，在一個魚菜共生系統中，最終會同時得到「魚」和「菜」兩種收穫。因此，魚菜共生常被視為是一種低汙染、高收成的永續農業。

魚菜共生系統的發展應用與國內外產業現況

西元 2014 年，美國約翰霍普金斯大學（Johns Hopkins University）的 D. C. Love 等人進行了一項國際性的研究，調查目前全世界魚菜共生施作的現況。根據調查結果，在魚菜共生施作者的性別上，78% 為男性，19% 為女性；年紀大多為 40 至 59 歲，占全部調查對象的 51%[*]。在 Love 等人的調查對象裡，施作魚菜共生的人有 80% 住在美國，8% 住在澳洲，2% 住在加拿大。但除了這三個國家之外，亞洲與太平洋群島地區、東歐與中歐、中南美洲、加勒比海國家、

水產養殖的用水與排水，十分消耗水資源。

循環水水產養殖系統需配備水質處理裝置。

近年已有業者於超市推出魚菜共生農法所生產的作物。　　　　　國內魚菜共生推廣團體的活動攤位實況。

非洲與中東等,也都有魚菜共生的施作者。整體而言,魚菜共生的施作在近十年來有愈來愈增加的趨勢。另外一項值得國內欲發展魚菜共生產業的玩家與業者們參考的一點是,根據Love等人的調查,縱觀國際上發展的現況,魚菜共生系統建立與施作的目的離不開三大方向,即:(1)商業考量(包含販售收穫的魚與菜,以及魚菜共生系統硬體設施與服務業者);(2)純嗜好(即魚菜共生並非其主要的職業);以及(3)教育目的(利用魚菜共生系統與原理來執行教育、教學相關)等。一般而言,施作者建立魚菜共生系統來進行生產,無不是為了藉由生產安全與安心的食物,來改善自己與他人的身體健康,同時顧及環境永續性的維護。此外,因為魚菜共生是一種仿照大自然生態系中物質循環運作的小型系統,因此也常被應用作為學校單位進行教學的教材。

在國內,目前有數個以魚菜共生為主題的農場加入推廣與教育的行列,並有計畫商轉的消息。此外,在社群網站「Facebook」上也有數個以魚菜共生、養耕共生為主題的社團,加入社團的人數漸趨增加,其中成員更不乏許多國內熱衷此道而具實務經驗的玩家朋友、魚菜共生主題農場的場主與相關人員、具專業水產養殖與水耕栽培經驗與知識的學者專家、以及相關的硬體與服務提供廠商等,讓國內魚菜共生發展所需的資源得以愈來愈豐富。更甚者,由台灣的「魚菜一家」林口魚菜共生展示農場陳登陽先生所推動,結合相關學界、業界與業餘愛好者而成的「中華民國魚菜共生推廣協會」(Taiwan Aquaponics Promotion Association, ROC),也在2015年初正式舉行成立大會。整體而言,魚菜共生的發展在國內也正在日漸茁壯之中。

※資料來源:Love et al., 2014,參見,p.132。

第 1 章

魚菜共生系統的基本認識

魚菜共生系統的設計運作可簡可繁，規模可大可小，充滿彈性。為讓有興趣的朋友易於入門，在這裡我將大致介紹魚菜共生的組成、設計與運作的原理，讓讀者能很快地對魚菜共生系統有初步概念。關於各主題的細節部分，則於後面章節一一詳述。

魚菜共生系統的組成與設計

目前主流的現代化魚菜共生系統即是「循環水水產養殖系統」與「作物水耕栽培系統」兩者的結合。這樣的系統在功能性上需由四個主要的單元構成：（1）養殖魚類的單元；（2）過濾水質的單元；（3）水耕栽培的單元；以及（4）循環水系統。

養殖魚類單元

養殖魚類單元即是養殖與生產魚類（或其他水產動物）產品的主要場所，也就是水族箱或槽桶等可以用來蓄養魚類的魚槽。在整個魚菜共生系統中，魚槽是魚隻活動的空間，也是投餵餌料的地方。在每日餵食之後，魚隻會消化吸收其養分，並將排泄物排出至飼育水體中。

過濾水質單元

在接收來自於魚槽的水體之後，過濾水質的單元則肩負起「淨水」與「將魚類排泄物轉化為植物養分」的重責大任。在魚菜共生系統中，水質的過濾主要是透過物理性的方法以及微生物的作用兩階段步驟來達成。其中，微生物所參與的過濾系統

魚菜共生系統中的魚類養殖單元就是飼養魚隻的槽體或容器。

魚隻吃下餌料之後所產生的排泄物，就成了魚菜共生系統的養分。
（攝影：王忠敬）

魚菜共生系統的四個主要單元

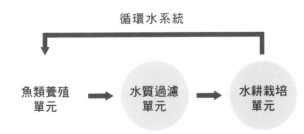

循環水系統

魚類養殖單元 → 水質過濾單元 → 水耕栽培單元

能夠將對魚、蝦具有高毒性的含氮廢物——包括總氨態氮（total ammonia nitrogen；TAN）[*1]與亞硝酸鹽（nitrite；NO_2^-），轉化成為毒性低且能成為植物養分的硝酸鹽（nitrate；NO_3^-），是連接「水產養殖」與「作物栽培」的關鍵所在。

水耕栽培單元

緊接著，離開過濾單元而富含植物所需養分的水體，會流進水耕栽培單元（即水耕種植槽區）之中，供給作物生長發育所需。而在植物將水中大部分的含氮物質吸收之後，系統中的乾淨水體就流回養殖魚類的單元之中。

循環水系統

整個魚菜共生系統的水體循環，以及不同槽體單元之間的水流流速與方向性，必須依賴循環水系統中的硬體來驅動與控制，包括正確連結的泵浦、水路管線與調節閥。

為配合魚菜共生系統運作的原理與邏輯，在設計與配置系統中的各功能性單元時，通常會控制水流的方向以「養殖單元 → 水質過濾單元 →

水耕栽培單元 → 養殖單元」如此的順序流動與循環。

不過在實務上，魚菜共生系統的設計可視放置場所的位置、可用空間的大小、經費預算的範圍、設計者的創意發想與施作者的生產需求等不同而各異，樣式與規模的彈性極大。同時，硬體本身也並不一定是由三個槽體容器和單一方向管路所構成。例如，養殖單元與過濾單元可以結合成一個槽體，或是過濾單元與水耕栽培單元合併成一個槽體。當然，只要慎選魚種與菜種，把養殖單元跟水耕栽培單元合併也是可行的。而水路管道也可視目的性設置分流、迴流等機構來連結各槽體單元。

「魚菜共生」其實是「魚菌菜共生」

決定魚菜共生系統運作會否成功的關鍵在於微生物！

自然界中，許多重要元素以不同形式進行循環，藉此讓生命生生不息，也讓地球的運行得以永續不斷。存在於自然界中的微生物，就是轉動這些重要元素循環的推手。以

系統中的水質過濾單元。

系統中的水耕栽培單元。

系統的各個單元必須靠循環水系統來相互連結。

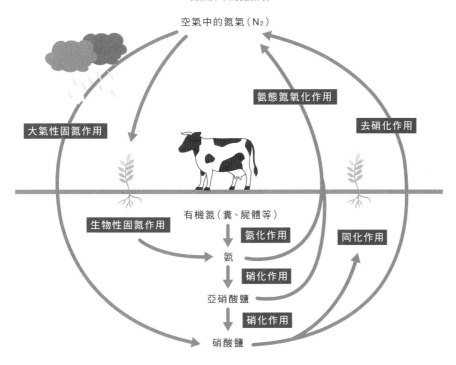

自然界中的氮循環

空氣中的氮氣（N₂）

氨態氮氧化作用

去硝化作用

大氣性固氮作用

生物性固氮作用

有機氮（糞、屍體等）

氨化作用

同化作用

氨

硝化作用

亞硝酸鹽

硝化作用

硝酸鹽

氮（N）這個元素為例，它是地球上最常見的元素，最普遍的存在形態是氮氣（N₂），占了地球大氣總體積的 78%。氮元素也會與其他元素，如氫（H）、氧（O）等結合形成各式各樣的化合物，普遍存在於地球上。而包括胺基酸與遺傳因子去氧核醣核酸（deoxyribonucleic acid，也就是 DNA）等地球上所有生命的基本組成物質，氮元素都是重要的組成。雖然以氮氣形式的氮元素在大氣中的存在量相當大，但絕大部分的生物卻無法直接使用它。只有當氮以其他化合物的形式存在時，生物始能利用它。氮以不同形式的單質或化合物在自然界的生態系統中相互轉換而形成

的循環過程稱為「氮循環」（nitrogen cycle）。在自然界中，整個氮循環的過程大致上可以分為以下數個步驟：

固氮作用（**Nitrogen fixation**）。固氮作用是空氣中的氮氣被「固定」下來給植物使用的過程。自然界中的固氮作用有兩種方式。其一，空氣中的氮氣會因為打雷閃電產生的能量而與氧結合，形成氮氧化合物（nitrogen oxide），並隨著降雨而進入土壤與水體中。其二，則是透過一群統稱為「固氮菌」的微生物之作用，將氮氣中的氮與氫結合以形成氨。有的固氮菌是非寄生性，即可獨立生存於環境中；有的則是具共生性，會生活在豆類植物的根瘤中。

氨化作用（Ammonification）。
所有生物身體的許多部分都是由含有氮的化合物所構成，並參與進行所有與生命維持相關的生理作用。當生物死亡之後，存在於屍體內有機形態的氮會逐漸被微生物（細菌、真菌等）轉化成氨與其解離態離子銨（NH_4^+）。

硝化作用（Nitrification）。 統稱為「硝化細菌」（nitrifying bacteria）的微生物會在有氧的環境中將總氨態氮繼續轉化成其他形式的氮，稱為硝化作用。首先，總氨態氮會被一群統稱為「亞硝酸單胞菌」（Nitrosomonas）的微生物轉化成亞硝酸鹽。而另外一群稱為「硝化菌」（Nitrobacter）的微生物則把亞硝酸鹽轉化為硝酸鹽。

同化作用（Assimilation）。 同化作用就是植物吸收氮化合物，並以它們為原料來生產植株本身所需重要物質的過程。植物通常是透過根部自土壤吸收其中的氮化合物（以硝酸鹽為主）。不過，包括豆類植物在內能與固氮菌共生的植物，則可自根瘤部位直接吸收氨，並進行利用。

去硝化作用（Denitrification）。 硝酸鹽會被微生物還原成氮氣而回到大氣中，此稱為去硝化作用。負責這項工作的微生物，是一群厭氧的細菌。因此，去硝化作用必須在缺氧的環境中才能進行。

厭氧環境下的氨態氮氧化作用（Anaerobic ammonia oxidation）。 在缺氧的環境中，除了會發生前述的去硝化作用之外，也會有微生物將氨和亞硝酸鹽直接還原成氮氣。

魚菜共生系統的建立，就是要在一個小尺度的空間中複製自然界的物質循環作用，尤其是氮循環。物質的循環靠的是各種微生物。因此，魚菜共生系統的關鍵就在於培養健全的微生物相，以維持系統內物質的永續循環。只要養殖魚類，就一定要投餵飼料；而只要投餵飼料，魚類就一定會產生排泄物。魚類的排泄物會形成氨，氨對水產生物是有毒性的。因此，要能成功飼養魚類，第一要件就是要能夠將水中的氨濃度控制在較低的安全範圍以內。在氮循環的過程中，硝化細菌可以進行硝化作用，將出現在土壤或水中的氨轉化成亞硝酸鹽與硝酸鹽。硝酸鹽對水產生物的毒性遠低於氨與亞硝酸鹽。因此，在養殖魚類的環境中，即使魚的糞尿和氨態氮一直不斷地產生，只要能在水中建立起足夠的硝化細菌群落，則可以透過硝化作用之進行，有效降低水中氨態氮的濃度。魚菜共生系統中的植物，則進行同化作用，從根系吸收系統中的含氮化合物，並使用它們作為植株生長發育所需的養分來源。在這樣的系統中，魚類可以在潔淨的水中長大，植物亦能有源源不絕的養分可以吸收利用。

魚菜共生系統的平衡

如果把一個魚菜共生系統看成是一個市場，魚類提供原料（氨態氮），讓微生物進行加工（亞硝酸鹽）

並生產出最終產品（硝酸鹽），再供給消費者（作物）。在這間由魚類、微生物和植物三者合作所成立的「市場」中，含氮化合物之流動必須呈現供需平衡的狀況。如此，系統本身才會健全而不崩壞，系統內的組成也才能共享利益，魚長得大、菜長得好、微生物長得多。

實務上，要維持魚菜共生系統的平衡是一門大學問。舉凡水體的總體積、水產養殖和水耕栽培的設計樣式、過濾系統的設計樣式、魚的種類與其成長階段、植物的種類、環境水質的狀況等，甚至是施作者的經驗與管理手法，都是會影響系統平衡的變數。因此，幾乎不可能有一套適用於所有魚菜共生系統的標準公式。不過，在經過數十年的發展之後，國外有經驗的魚菜共生施作者與學者們發現，欲尋求魚菜共生系統的平衡點，可以從魚飼料的餵食上著手，也就是計算「餵食率比」（feed rate ratio）。所謂的餵食率比，指的是在每單位種植植物面積（平方公尺；m^2）下，每日投餵給魚類的飼料量（公克；g）。如果種植的是葉菜類的植物，則餵食率比的建議值為 40 ～ 50 $g/m^2/day$，即每 1 平方公尺種植面積下，每日投餵 40 ～ 50 公克的飼料給魚類；而如果種植的是會結果實的植物，則餵食率比可以提高以增加系統中的養分，建議值為 50 ～ 80 $g/m^2/day$[※2]。藉由餵食率比的數值，則可進一步藉由觀察各種魚類每日飼料的消耗量來推估應該在系統飼養多少魚。

事實上，在魚菜共生系統中套用餵食率比的數值僅是尋求平衡點的第一步。在依照餵食率比的指示投餵餌料飼養魚類的過程中，還需要搭配進行以下工作：

觀察魚隻的生長與健康狀況。在系統運作時，需隨時觀察魚隻的外形、生長狀況、活動力與索餌意願。投餵的餌料量如果不足，長久下來會造成魚隻營養不足而瘦弱。若飼養的是較具侵略性的魚類，也會因此造成較弱勢的個體受到緊迫而易生病死亡。在此情況下，可以考慮適當減少魚隻的個體數，或是微調提高餌料量。

相反地，投餌的餌料量如果過多，則不僅易造成魚隻肥胖，過多的殘餌會滯留於系統中，被微生物分解後將增加水中總氨態氮濃度而汙染水質。此時，可以增加魚隻的個體數（在魚槽空間可容許的範圍內），略減少餌料投餵量，並設法增強過濾系統與硝化作用的效能。

觀察植物的生長與健康狀況。餌料在經過魚類消化與微生物轉化之後所形成的含氮化合物，是植物所需的氮來源。如果系統的含氮化合物不足，或是微生物的轉化作用不夠完善，使得植物可利用形態的氮（主要是硝酸鹽）濃度過低，植物的生長發育就會受阻。此時，可以透過增加魚隻的密度與餌料的投餵量，並提高硝化作用的效能來提高水中的肥沃度。要注意的是，系統中的含氮化合物濃度如果過高，同樣也會造成植物生長

系統水體中的養分狀況會影響植物的生長。

定期檢測水質是了解魚菜共生系統運作狀況的最好方法。

的抑制。此時,則可考慮適當換水,減少魚隻密度,或是提高植物的密度。

定期檢測水中含氮化合物的濃度。除了藉由魚類和植物的狀況來了解系統中含氮化合物的狀態之外,定期檢測它們在系統水中的存在濃度與變化狀況是了解魚菜系統是否正常運作最直接的辦法。在魚菜共生系統中,考量到魚的耐受性和菜的需求,通常會建議將總氨態氮和亞硝酸鹽的濃度維持在 1 mg/L 以內,最好儘量是 0;而硝酸鹽的濃度則維持在 5 ～ 150 mg/L。若氨態氮和亞硝酸濃度高於 1 mg/L,則會對魚類造成毒性甚至使其死亡。若其長時間居高不下,則有可能是魚隻密度與投餌量太高,或是硝化作用的效能不足。因此,要維持低濃度的氨態氮和亞硝酸鹽,可

以從這些地方著手。硝酸鹽是植物主要的養分來源,因此系統中如果能提供足夠濃度的硝酸鹽,則有助於植物吸受利用。但是,硝酸鹽濃度若達 150 ～ 200 mg/L 甚至以上,長期下來,則有可能也會對魚類有不良的影響。硝酸鹽濃度的控制,也同樣可以從魚隻密度與投餌量、硝化作用的效能、植物的密度等來調整。

*1 總氨態氮即氨(ammonia;NH_3)與銨(ammonium;NH_4^+)之總和。

*2 資料來源:Somerville et al., 2014,參見 p.132。

硬體條件

第 2 章
系統設置地點的考量

選擇一個適合設置魚菜共生系統的地點是非常重要的。系統設置地點關係著系統運作的穩定度與硬體的支撐強度，以下就來說明幾項主要的考量重點。

對系統重量的支撐性

魚菜共生系統的總重量不容小覷，尤其是裝滿了水和栽培介質的槽體。純水的比重是 1，也就是每 1 立方公尺（m³）的水，重量是 1000 公斤（kg）。植床介質與培養微生物用的過濾材，雖然比重各異，但都不輕，裝滿後的總重量也相當可觀。最後，槽體、水管、泵浦等硬體的重量也不小。換句話說，系統規模愈大，硬體材料使用愈多、水裝得愈多，則總重量勢必就愈大，從數十公斤到數百公斤，甚至上千公斤都有可能。

不同規模的魚菜共生系統也許可以置於書桌桌面、木製或金屬製層架、地面、陽台或是屋頂天台等地點。除了系統槽體與其支撐架的穩定強度要足夠之外，系統所在的地點是否能夠長時間承受整套系統的重量，也必須要考量。

植物能否照得到陽光

植物是魚菜共生系統運作的要角，其生長除了要有營養元素及水分供給之外，還需要足夠的光線讓其進行光合作用。是故，魚菜共生系統的

魚菜共生系統的作物栽培單元最好要設置在陽光充足的地方。

作物栽培單元最好要設置在白天能照射到足夠陽光的地點。當然，視植物種類的不同，系統所需的光照也不一樣。如果系統設置的位置光照過強，可使用遮光網來控制照射量。如果受限於地點或是欲在室內建立小型系統而自然光線不足的情況下，為了植物能順利生長，則可能需要選用適合的人工光源。當然，人工光源會因為燈具的使用及伴隨而來的電費，使得魚菜共生系統運作的成本增加，這點在最初規劃系統建立的預算時，也須考慮進去。

會否受到氣候災害之影響

把魚菜共生系統設置於室外，可以讓植物接收太陽光，自然又經濟。不過，無法避免的天然災害，會對建立於室外的系統造成程度不一的不良影響。在國外，會談論到的天災包括雪災、風災和雨災。其中，下雪以及低於0℃的氣候，會讓植物與魚生長不良或是凍傷凍死，甚至會因為厚重的積雪而壓垮系統與設施。這些地區的系統施作者必須在雪季中暫停運作，或至少是設法將系統移至室內。在台灣，絕大部分地區應無降雪成災的疑慮，常面臨的天然災害如鋒面來襲所造成的溫度驟降、颱風、豪大雨、梅雨季等風雨災害，輕則灌入大量雨水，造成養分稀釋，水質改變而影響魚和菜的生長；重則亦會造成系統硬體毀損傾倒。因此，建立魚菜共生系統的地點要儘量選擇能避開這些災害

的地方，或使用一些設施（遮雨蓬、溫室、網室等）來減少系統直接暴露在災害之中所造成的危害。

是否接近水源電力的來源

由循環水養殖系統與水耕栽培系統結合而成的魚菜共生系統，至少需要一具抽水泵浦才能驅動水流的循環。此外，為了提升系統運作的穩定程度，可能還會使用到加熱控溫器材、打氣機、人工光源等設備。這些器材設備都需要用電。簡言之，循環水式的魚菜共生系統需要電力才能啟動與運作。因此，設置系統的地點一定要考慮到電力使用的便利性與安全性。而水更是魚菜共生系統建立與運作的基礎。除了一開始新系統建立好之後需要注滿水，日後在管理維護時，可能也得視水位的減少而酌量添新水，也可能會因水中含氮化合物濃度過高而需排出舊水並增添新水。是故，把魚菜共生系統設置在乾淨水源取得方便的地點，才是明智之舉。

使用人工光源來促進植物生長，會增加系統的建置與運作成本。

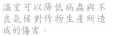

溫室可以降低病蟲與不良氣候對作物生產所造成的傷害。

第 3 章

系統中常用的硬體

每一種魚菜共生系統的設計都需要由許多硬體設備來實現。以下將簡單介紹這些硬體,以幫助讀者選擇適合自己的系統,也能了解使用這些硬體時該注意的事項。

塑膠容器上的分類標誌號碼為 5 號者,代表為「聚丙烯」(PP) 材質。

普力桶有多種尺寸可選。

許多人以 PP 材質的置物箱當作魚菜共生系統的槽體。

槽體的選擇

在魚菜共生系統中,必定會使用到「槽體」。無論是何種槽體,或是用來發揮何種作用,只要是用在魚菜共生系統上,其材質一定要具有不釋放任何可能毒性、具生物安全性、不易毀損、脫落、崩解,並擁有足夠承重力等條件。

材質

因為容易遇到生鏽的問題,魚菜共生系統的槽體通常不建議使用金屬材質的產品。玻璃材質則易發生破碎意外,且厚度要夠厚到能夠支撐大容積水體的玻璃水槽,造價通常很高,也因此較常使用於室內或桌上型的小型系統中,而非大型室外系統。反觀塑膠和纖維強化塑膠(fiber reinforced plastic;FRP)材質的槽體,因為取得方便、重量輕、鑽孔組裝也容易,且價格合理,因此是比較常被推薦的。

「塑膠」是一個統稱。凡是以高

分子量的合成樹脂為主體,並為了改變其穩定性、延展性、顏色等性質而加入添加劑(例如塑化劑、穩定劑、潤滑劑、色素物質等),經過加工成型,具柔韌性或剛性的材質,都稱為塑膠。塑膠的種類十分多,且每一種的物理性質、化學特性與製作過程中的添加劑等都不一樣。通常,在塑膠製品上都會標示塑膠分類標誌(resin identification code)。這套標誌是由美國塑膠工會(Society of the Plastics Industry;SPI)所發展出來的,透過它,一般的消費者可以輕易地得知所使用的塑膠究竟是何種材質,以方便進一步再去查閱該材質的特性與使用時的限制,例如它是否抗酸鹼、是否耐熱、耐高溫到幾度、什麼樣的條件下會產生毒性等的重要資訊。這樣的資訊對魚菜共生設計與施作者很重要,因為我們不希望在魚菜共生系統運轉且魚菜產品生產的同時,槽體釋放出有毒物質進到系統中。大致上,取得容易、具穩定性而較適合用在魚菜共生系統中的槽體材質是「聚乙

烯」（polyethylene；PE）與「聚丙烯」（polypropylene；PP）。基本上，兩者都耐酸鹼，且耐高溫至 70℃ 以上，在一般室內外環境溫度的範圍內（大致上是 10～35℃ 之間）都還算安全。坊間五金行常見的橘色方桶或圓桶，也就是俗稱的「普力桶」，即是聚乙烯材質的桶槽，尺寸多元，厚度足，支撐性高，耐日晒，因此較為建議使用。此外，一般人常用的整理盒置物箱，則多是由聚丙稀所製成，亦有各種尺寸可供選擇，惟其厚度通常較薄，且材質較軟，裝盛水體太多時容易晃動甚至打翻。因此，就實用面來看，聚乙烯仍是首選。但是，無論是聚乙烯或聚丙烯，使用時都要避開過高的溫度，以免釋出有毒物質。簡稱「IBC」的一頓方桶（intermediate bulk container；IBC），其材質為高密度聚乙烯（high density polyethylene；HDPE）具有容量大、重量輕、強度高、耐酸鹼、節省空間等特性，因此也頗受國內外魚菜共生玩家們的青睞。在工業上，IBC 被大量應用來存盛、運送各式液態物質，且在清洗之後能夠被重新使用。然而，若是要使用在魚菜共生系統之中，切記一定要使用全新的 IBC 桶，或至少是要確定桶子只裝盛過無毒性、非工業性、無危險性的液體。否則，殘存在桶裡面的物質可能會流入並影響系統環境。

　　「纖維強化塑膠」加入了纖維材料如玻璃纖維（glass fiber）作為強化材料，使得材質具有更高的強度和彈性，在承受超大量水壓時不致於彎曲

或破壞。因此，以該材質所建構的大型桶槽（即俗稱的 FRP 桶）常被學術單位或養殖戶等需要大型養殖槽者所使用。若魚菜共生系統的規模大到一定程度，FRP 桶會比一般的塑膠桶來得可靠且耐用。

魚槽

　　魚菜共生系統需要多大的魚槽，端看施作者預期要建立多大的系統規模、種多少菜、養多少魚而定。在魚槽形狀方面，因為能夠讓水流順暢，讓水質均勻，並讓固態廢物（主要為魚糞）易於因向心力的關係而集中到槽底的正中央，以方便清除或設法使之流出，平底的圓桶式魚槽是較常被建議的。平底的四方形魚槽當然也可以使用，但較容易出現固態廢物分散在底部而不易清除的狀況，需透過調整水流方向來改善槽中水流的循環，使水質均勻。同樣地，使用其他形狀的容器來當魚槽也行，但仍需注意槽中水流是否順暢、底部是否容易累積固態廢物而難以清理。再者，魚槽的形狀也需視魚的習性來選擇。大致上，有些魚類喜歡在底層活動，就適合選用深度較深的槽體；而養殖喜歡在中上層水域活動的魚類時，則可選用較寬且淺的槽體。

　　魚槽的顏色方面，有的人認為黑色的較好，並在上方加蓋，才不會在魚槽中孳長藻類；但也有人認為白色或淺色較好，不僅易於觀察魚隻狀況，也可以反射太陽光線而不至於讓水溫太高。其實，魚槽的顏色可隨

有中央排汙的圓形養魚槽。

IBC 桶容量大，重量輕，耐酸鹼，適合使用在系統中。

不同考量來決定即可。而在魚槽上方加蓋或加網，可以防止寵物或幼兒不慎跌入，也可避免直照陽光而孳長藻類、防止魚隻跳出，避免外界的異物落入槽中、避免其他動物（如鼠、貓）來捕食魚隻而造成損失。

水耕單元槽體

最常在魚菜共生系統中採用的水耕栽培方式有「植床式（media bed）」、「深水式（deep water culture technique，以下簡稱 DWC）」與「養液薄膜法（nutrient film technique，以下簡稱 NFT）」等三種。

① 植床式

若系統採用植床式來栽培作物，則需要一個槽體來裝盛介質與種植作物。通常，一個合適的栽培槽，要具備幾個要件：

- 結構穩固，足以承受槽內水體和介質的總重，而不會產生任何破裂；
- 若栽培槽欲放置戶外，則它必須能夠承受惡劣的氣候狀況（下雨、刮風、日曝等）；
- 材質本身具安全性，不會釋放任何有毒性的物質；
- 與系統的其他單元易於透過水管等零件連接組合。

栽培槽本身的材質可以是 PP、PE 等，在一般狀況下不會釋出任何有毒物質的塑膠或是纖維強化塑膠材料。普力桶、IBC 桶、FRP 桶等槽體容器都可以拿來作為栽培槽。此外，亦有人會先以木板釘製槽體外形，再鋪設不透水的無毒 PE 膜為內襯作為栽培槽。通常，栽培槽的形狀多為長方形，但這並沒有硬性規定，只要槽

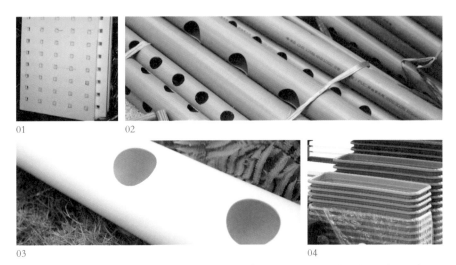

01 深水式（DWC）栽培槽要能夠放置種植作物用的高密度保麗龍板。02 養液薄膜法常用的栽培管即為已挖好適當孔洞的 PVC 管。03 近年國內業者所開發出的 PE 材質栽培管。04 花市販售的各式花槽，只要大小適合，經過適當鑽孔之後也可以拿來作為魚菜共生系統的植床。使用前記得將花槽底部原先的排水孔用矽膠封住。

體本身的支撐性足夠即可。尺寸方面，槽體的長與寬應視可用空間、預算和作物的預期收成來決定，彈性較高；但槽體內裝盛介質的深度則通常建議要達 15 ～ 30 公分，才能夠提供足夠的空間給作物根系生長延伸。大致上，如果種植的是葉菜類的作物，則植床的深度約 15 ～ 20 公分即可；但如果種植的是會結果的作物，則植床深度則需 20 ～ 30 公分左右才足夠。

② 深水式（DWC）

在魚菜共生系統中若採用 DWC 式栽培，則植物生長的栽培槽體中需要能夠裝盛來自於其上游槽體（通常是過濾槽）的水，並在栽培槽的水面上放置種植作物用的高密度保麗龍板。因此，DWC 的栽培槽本身仍然需要具有足夠的支撐性、穩定性與安全性。同樣地，普力桶、IBC 桶、FRP 桶等槽體都可以用來作為 DWC 的栽培槽。

DWC 栽培槽的形狀通常也是方形，長寬並沒有一定的限制，但在大部分的設計中會將槽體做成長方形，讓槽中水流的流動明顯且均勻，有助於作物根系對氧氣與營養元素的接觸與吸收。DWC 式槽體深度的部分，同樣必須提供至少 20 ～ 30 公分左右的深度，以讓作物根系有空間發展。

③ 養液薄膜法（NFT）

與植床式及 DWC 不同，採用 NFT 法來種植作物時，需要的不是一個槽體，而是一至數個一組且互相連通的管狀構造物。最常被使用在 NFT 法中的管狀構造物，是切面為圓形的水管，其材質為「聚氯乙烯」（polyvinyl chloride；PVC），因此簡稱 PVC 管。此外，近年亦有廠商開發出以 PE 為材質、無有毒物質溶出風險的 NFT 專用栽培管，號稱能夠讓栽培的作物更安全。

採用 NFT 時，栽培管的粗細必須視作物種類、其根系發展的特徵、網盆之大小與種植的密度等來決定。許多水耕栽培資材廠商都有許多適當尺寸的栽培管可供選擇。常見的組合大致上是——管徑 2 吋（60mm）或 2 吋半（76mm）的栽培管上，會開數個直徑約 45mm 的孔，再搭配 2 吋盆（頂面直徑約 60mm，底面直徑約 40mm）使用。若栽培管採用的是管徑 3 吋（89mm）者，則開直徑約 80 mm 的孔，搭配 3 吋盆（頂面直徑約 90mm，底面直徑約 60mm）使用。栽培盆的長度可以視自身系統的設計來決定，但需謹記，當栽培管的長度愈長（超過 10 公尺），由於管中水體的養分可能會出現往末端遞減的情況，種植的作物會出現生長狀況上的差異。

過濾槽和集水槽

在魚菜共生系統中設置獨立的過濾槽和集水槽對於系統的穩定運作和水質的維護有明顯助益，因此在中、大型規模的魚菜共生系統中，通常都會設置這兩種槽體，其作用、目的與運作方式可參見 p.28 ～ p.29。同樣

PVC 管有多種口徑，使用在魚菜共生系統上時，需選擇產品代碼為「W」的「自來水用管」。

PVC 管用的各式接頭，適用於不同的接法。

地，這些槽體的材質也要以不釋放有毒物質、結構堅強者為最大原則。

水路管線材的選擇

最常用來連接魚菜共生水路的管線材是 PVC 管。PVC 管在國內以南亞塑膠工業股份有限公司出產的最為人熟知，因此也常被暱稱為「南亞管」。PVC 管除了本身有不同管徑尺寸之外，也生產規格相符的各式接頭。由於 PVC 管具有高硬度、高耐腐蝕性、電氣絕緣性、耐燃性等特性，因此廣泛被應用在多個不同產業上。是故，PVC 管有多種適合不同用途的規格型號。不過，PVC 在製作的過程裡需添加塑化劑、安定劑等化學物質，它們的安全性常惹人爭議。因此近年關於 PVC 產品和 PVC 水管是否會釋放有毒物質這件事，也逐漸受到重視與討論。魚菜共生系統設計施作者們要特別注意的是，適合用於系統中的是產品代碼為「W」的「自來水用管」（PVC pipe for drinking water），至少在理論上，現階段 W 管的安全性是所有 PVC 管產品中較佳的。

泵浦的選擇

絕大部分的循環水式魚菜共生系統，都會需要至少一座泵浦來帶動系統的水流。泵浦的選擇上需要注意兩項數值：「輸水量」（flow rate；或稱「揚水量」）與「揚程」（head height 或 head pressure）。

輸水量指的是泵浦每單位時間可以驅動輸送的水量，單位常是 L/hr（每小時可驅動的公升數）、gallon/hr（每小時可驅動的加侖數）、L/min（每分鐘可驅動的公升數）等。揚程指的則是以泵浦出水口為基準，泵浦能夠將水向上垂直推升的最大高度，單位為距離單位，即公尺（m）、英呎（ft）等。泵浦廠商通常會主動提供每款泵浦這兩個數值的關係圖，甚至直接印在外包裝或說明書的規格表中。當施作者對於系統的背景資訊有一些了解，並搞懂泵浦輸水量與揚程的定義和關係之後，就可依序按以下判斷來選擇適合自己系統的泵浦：

系統的總水量大致是多少？ 總水量的計算，可以方便測量計算的槽體為主，例如魚槽、過濾槽、栽培槽等。位於水管管線中的水量通常不容易精算，可以暫時忽略不計。

每單位時間內要驅動多少水量流動？ 魚菜共生系統在運作時，通常會建議讓系統中的水每一個小時內全數循環 1 至 2 次。因此，將系統的總水量乘以 2 之後所得的數值，就差不多是我們需要的泵浦之輸水量。舉例來說，假設系統總水量是 500 公升（L），則適合此系統的泵浦，就該選擇輸水量是 500 L/hr 至 1000 L/hr 之間者。附帶一提，在魚菜共生系統中，水的輸水量會受到水管管路的阻力而略為降低 5%。因此，在估計適合自身系統的輸水量時，可以略微高估一些無妨。

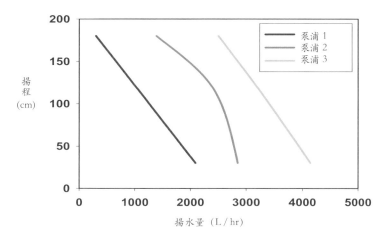

打水泵浦揚水量與揚程間的關係示意

揚程 (cm) — 縱軸

揚水量（L / hr）— 橫軸

圖例：
泵浦 1
泵浦 2
泵浦 3

在系統中，泵浦與其最高出水口間的相對高度為何？ 魚菜共生系統若僅使用一座泵浦來驅動循環水流，泵浦的位置通常會放置在系統裡位置最低的槽體中，並將水打到最高的槽體後，再讓水順勢往下流經其他槽體，最後回到最低的槽體。是故，泵浦一定要能夠把水打到位置最高的槽體中。簡言之，泵浦本體的位置至位置最高的槽體兩者之間的高度就決定了適用的泵浦揚程。舉例來說，泵浦本體到最高的槽體間的高度距離大約是 2 公尺（m），那麼，我們在選擇泵浦時，就一定要選擇揚程至少能達 2 公尺以上的泵浦。

對照泵浦規格書裡的「輸出量──揚程」關係圖。 泵浦廠商通常會提供泵浦的「輸出量──揚程」關係圖。在圖中，橫軸（X 軸）是揚水量；縱軸（Y 軸）是揚程。每一座泵浦，揚水量和揚程兩者之間的關係通常是一條從最左邊的縱軸開始，愈往右會愈往下掉的曲線。這代表的意思是，無論什麼泵浦，本體和最高出水口的距離短（揚程短），則它帶動的水流流速會比較快（輸水量大）；若本體和最高出水口的距離長（揚程長），則帶動的水流流速會比較慢（輸水量小）。每一座泵浦都有各自的「輸出量──揚程」關係圖。尋找適合自身系統的泵浦時，需先在圖中橫軸上找出適合自己系統的揚程數值（例如前述的 2 m），並從此數值點出發，以水平方向往右移動，再找到其與各個型號泵浦的曲線交點。之後，再從各交點出發，垂直方向往下移動，即可對照到橫軸上對應的輸水量。最後，將各個對應出來之輸水量數值與自己系統真正適合的輸水量（例如前述的 1000 L/hr）作比較，選擇數值最接近但稍大者，即為最適合自身的泵浦型號。

從放置的位置來分，打水泵浦可以分為放在水裡運作的「沉水

各式輸水量的沉水馬達。

外置式馬達。

打水泵浦「揚水量」與「揚程」間的關係圖多可於包裝盒或說明書中獲得。

毛刷在養殖系統是常被用來進行物理性過濾的濾材之一。

過濾白棉是最常取得的物理性過濾濾材。

沉澱槽的設置即是利用固態廢物會在水中沉降的原理來淨化水質。

系統中的沉澱槽。

圓桶狀儲液槽常被用來作為沉澱槽。

式」，以及放在水外運作的「外置式」。沉水式的泵浦是中、小型規模的魚菜共生系統常用的，體積小，價格通常也不貴。不過，使用沉水式泵浦要初記，泵浦本身不能離水運作，否則會空轉產生高溫而燒掉。另外，在長期使用（通常是數年），泵浦結構老化之後，偶爾會發生漏電的情形，這點也要特別注意。使用沉水泵浦時，要等到泵浦主體放置於系統中就定位後，才插上插頭開始讓它運作。外置式的泵浦通常體積較大，價格也較高，但因為輸水量也相對較大，較適合大型規模的系統。

過濾系統

過濾系統的設置以及其效能是否能夠完全發揮，與系統中水質能否維持潔淨、系統運作能否長久穩定、飼養的魚隻能否健康成長等息息相關。依照過濾原理，可以將水質過濾的方式大致分為三大類——物理性過濾、生物性過濾、化學性過濾。其中，較常被應用在魚菜共生系統中的是物理性過濾與生物性過濾。

物理性過濾

物理性過濾，就是利用物理性的原理，例如物質的顆粒大小與重量等特性，來進行水質的過濾處理。物理性過濾的主要目的是為了去除系統中的固態廢物，像是魚糞、未被食用完畢的餌料，甚至魚屍的組織片段等。物理性過濾經常採用兩種方式：第一

種方式是利用孔目比固態廢物尺寸還小的網狀、刷狀或棉狀濾材，使水流過時，固態廢物被攔劫下來；而第二種物理性過濾的方式，則是設法讓固態廢物在系統中水流流速較慢的區域因其重量大於水而能集中沉降於底部，再進一步移除。在魚菜共生系統中，物理性過濾的單元槽體宜設置於魚槽出水之後、要進入水耕栽培單元之前。

一般而言，透過濾材來攔劫固態廢物的物理性過濾方式較適用於小規模、或是養殖密度較低的養殖系統（包括魚菜共生系統）。不過，在長時間使用之後，濾材上會因卡滿固態廢物，而失去過濾效果。因此，濾材材質的孔目大小、濾材的數量、是否有定期清洗或更換濾材，決定了過濾系統的效能。大規模或高密度的養殖並不建議使用此種物理性過濾方式，因為大量的魚會產生極大量的固態廢物，濾材將很快就會被塞滿，必須藉由加快清洗的頻率才能維持其效用，這使得日常管理的工作更加繁瑣，不敷人力成本。

第二種物理性過濾的方式，即利用固態廢物會在水中沉降的原理來淨化水質，也常見於各種規模的魚菜共生系統之中。進行此種過濾作用的槽體，被稱為「沉澱槽」（clarifier），常設置在魚槽之後。沉澱槽的設計多樣，只要能夠達到讓固態廢物沉降的目的即可。以下是幾種常見於循環水水產養殖系統中的沉澱槽設計，當然也適合於魚菜共生系統中使用。

① 輻流式沉澱槽

槽體通常是採圓桶狀設計，魚槽中的固態廢物會隨著系統的水流快速地流出，並進入沉澱槽中。沉澱槽的入水管通常會設計成彎管，讓水體在進入圓桶狀的沉澱槽之後沿著槽壁流動而在槽中形成漩渦。在沉澱槽的漩渦之中，水流流速最慢的區域就是槽體的正中央。再加上因為向心力的關係，進入沉澱槽中的固態廢物會被帶至漩渦的圓心，也就是槽體的正中央。是故，沉澱槽中的固態廢物會集中在槽體正中央並往下沉降至槽底。為了清除已經集中沉降的固態廢物，通常會在此圓桶狀沉澱槽的底部正中央設計一根排汙管，施作者在日常維護時只要打開調節閥即可輕易排出系統中的固態廢物。進入沉澱槽的水在固態廢物沉降之後，乾淨的水可由位於槽體上方的排水管流出，繼續流往下一個單元。

② 豎流式沉澱槽

槽體可為圓桶狀或方桶狀，但槽體底部常會設計成深入地面下方的椎形。來自魚槽的水，會從位於槽體上方的進水口注入槽中。進水口下方會設一傘狀擋板，讓汙水沿著傘面往下移動，落入槽體的椎形部分集中。乾淨的水則由設置於槽體上方的出水口再溢流而出，流至下一單元中。

③ 擋板式沉澱槽

擋板式的沉澱槽在循環水養殖系統中也很常見，尤其是使用一至多

循環水水產養殖系統常用的
沉澱槽設計與運作原理

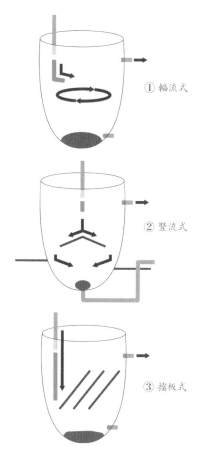

① 輻流式

② 豎流式

③ 擋板式

片傾斜擋板的斜板式沉澱槽。擋板式的沉澱槽設計各異，但原則上會將進水口和出水口分別置於擋板的前後兩端。其原理大致上是使來自魚槽的水在擋板的前方進入沉澱槽中，並在碰到槽中擋板的阻擋後改變水流方向，水中的固態廢物因此沉降，並因擋板的關係不易於再被帶起，乾淨的水則由位於擋板後方的出水口排出，流至下一單元中。著名的 UVI 魚菜共生系統，使用的沉澱槽即是擋板式。

市售的各式生物性濾材。

由 Evolution Aqua 公司
所研究販售的「K 系列」
（Kaldnes）生化濾材，
十分受到魚菜共生玩家
的青睞。圖中的產品為
「K1」。

除了前述的幾種沉澱槽槽體設計之外，為了加強沉澱槽去除懸浮固態廢物的效果，可在槽中放置濾材，例如碎石、毛刷等來阻斷水流，使水流流動不順暢，水中固態廢物更易沉降，加強水質淨化的效果。

生物性過濾

生物性過濾是利用生物（特別是微生物）的力量來進行水質的淨化處理。具體一點地說，其實就是要在魚菜共生系統中營造出一個適合的環境，讓硝化細菌可以附著生長，並發揮硝化作用。大部分的硝化細菌是屬於附著性的微生物，亦即它們通常必須「住（附著）」在一個物體表面上，才能穩定生長並增加族群。許多物質的表面，只要不含有會毒害硝化細菌的物質，都能讓硝化細菌附著上去而「住」下來。所以，要培養硝化細菌，就必須要提供足夠的地方與空間讓它們附著。系統能夠讓硝化細菌附著的空間愈多，它們的數量就會愈多，系統內硝化作用進行的效能就會愈高。

生物性過濾槽的設計通常造型單純，重點是要在槽體中放置適合硝化細菌附著生長與增殖的物質，也就是生物性濾材。適合用來作為生物性濾材的物質，除了絕對不能釋放有毒物質之外，還要具有孔隙多（使得每單位空間中的總表面積大幅增加）、質地堅固不易毀損、可沖洗並重覆使用等特性。生物性濾材可以是由塑膠材料所製成的刷狀（毛刷）、棉狀（生化棉）、球狀（生化球）、塊狀（生化磚）物質，可以是燒製的陶瓷物質（生化陶瓷環）與礦物質（石英球、石英珠），當然更可以是完全天然沒有加工的礦物（火山岩、麥飯石等）。各種材質的特性、重量、可取得性以及價格都不一樣，視己身之力選擇即可。觀賞魚產業發展的歷史悠久，在生物性過濾用的濾材開發上已經具備不錯的基礎。因此，生物性濾材的取得與合適性，可以直接向任何一間方便的觀賞魚水族館洽詢。

當生物性過濾槽為獨立的槽體時，其設置的位置會是在魚槽與物理性過濾槽之後，並在作物栽培槽之前。物理性過濾槽能先把水中固態廢物去除，增加並延長生物性過濾槽的效能。若無物理性過濾槽，則水中的固態廢物會沉澱並聚集在生物性濾材上，不僅阻塞濾材孔隙，還會覆蓋在已生長的硝化細菌菌膜上造成氧氣通透不足，硝化細菌可能因此缺氧而死亡。所以，若不設置物理性過濾槽，一定要時常清洗堆積在生物性濾材上

生物性過濾就是在濾材上培養微生物，並讓它們發揮淨化水質的功能。

的固態廢物，以維持硝化細菌的順利生長。

生物性過濾槽與物理性過濾槽的存在，對採用 DWC 和 NFT 作物栽培法的魚菜共生系統而言極為重要。在這些作物栽培形式的魚菜共生系統裡，流入作物栽培區的水必須是含有養分且沒有固態廢物的，否則聚集在根系的固態廢物會對作物生長產生負面影響。因此，在水流進作物栽培區之前，水體中的固態廢物一定要先去除，並經過硝化作用產生出硝酸鹽。相反地，若魚菜共生系統使用的是植床式的作物栽培法，則水體的物理性與生物性過濾可直接由植床上的栽培介質代為執行。因此，額外的物理性過濾槽與生物性過濾槽常會被認為是非必要的。

增氧裝置

魚菜共生系統中的魚、微生物和菜都需要氧氣。一般建議，魚菜共生系統中的水中溶氧至少要維持 5 mg/L 以上；若能提高至 6 mg/L 以上更佳。水中溶氧的來源，主要來自於空氣中。增加水流流速讓水表擾動，以及打氣並儘量讓氣泡變小等方法，都是為了讓空氣與水接觸的表面積增加而提升溶氧。

在魚菜共生系統中，打氣設備較常被設置在魚槽和生物性過濾槽中。在採用深水式作物栽培方式的系統中，水耕作物槽裡的溶氧若能提高至 5 mg/L 以上的話更佳。增加水中溶氧的方式主要兩種——使用打氣泵浦或利用文氏管。

打氣泵浦很容易取得，在水族館中即有各種規格可供選擇。打氣泵浦是利用電磁原理所產生的震動，不斷擠壓內部的風鼓而形成空氣壓力，使壓力順著輸出孔釋出空氣。使用時，會在空氣釋放孔上連接俗稱「風管」的塑膠或矽膠管，並直接將風管的末端置於水中，即可觀察到其「打氣」的效果。為了縮小氣泡的尺寸以增加空氣與水的接觸表面積，通常會在風管末端再接上一個氣泡石。

將槽體的入水口提高於水面之上，當水流流下時可以製造出明顯的水面擾動，藉此增加水中的溶氧。

各式尺寸規格的打氣機。

使用打氣機時會連結風管，並在末端接上一個氣泡石來將空氣細化。

文氏管可以噴出帶有氣泡的水流。

　　所謂的「文氏管」，又稱「喉形管」，是一種流體力學研究中常用的實驗裝置，可用來測量流體流速。循環水水產養殖和魚菜共生施作者們則利用文氏管來增加水中溶氧。文氏管的構造，是一個其斷面截面積依序有「大－小－大」變化的圓管，其中斷面截面積最小的部分稱為「喉頸部」。其原理是，水流從原有的管路流至喉頸部，因為管子的截面積縮小，在每單位時間內通過每單位截面積的水流總體積不變的情況下，會使水流的流速增大，水壓增加；但當水流流出喉頸部後，因為管子的截面積又放大，使得水壓下降形成負壓的狀況。因此，在管子的此處挖一小孔，則管內因截面積變化所形成的負壓會把空氣透過小孔吸入，一起流出文氏管。是故，在文氏管的出水口端，會流出帶有無數細小氣泡的水流。文氏管可以

自行組裝而得，也有相關業者販售。因為它不需要耗電，運作成本上比使用打氣泵浦來得低。

作物的栽培介質

　　可以用來代替土壤、提供固持性給水耕栽培作物的介質有很多種，包括天然介質如砂、石礫、泥炭土、蛇木等，以及人造或加工而成的產品如蛭石、珍珠石、岩棉、發泡海棉等。在所有魚菜共生系統當中，介質使用量最大的就是植床式栽培法。採用植床式栽培法的魚菜共生系統中，植床內的介質不僅能穩固作物，還提供系統中水體的物理性與生物性過濾功能。適合用在魚菜共生系統上的介質一定要具有下列幾個重要特性：

• 構造堅硬穩固，不會輕易粉碎或產生粉塵。

- 具有足夠的重量，在水流循環時不會被輕易沖起。
- 具有可透水透氣的孔隙與總表面積，有利於好氧細菌的附著生長。
- 不釋放毒性物質。
- 不影響水質。

目前，國內外最常使用在魚菜共生系統上的介質有兩種，即火山岩（volcanic gravel）與發泡煉石。它們都是很容易在園藝資材行中購買得到的產品。

火山岩具有極大的表面積容積比，即每立方公尺（m³）的火山岩，可以提供約 300 平方公尺（m²）的總表面積，有利於好氧性細菌（如硝化細菌）附著及生長繁殖。此外，火山岩不會釋放有毒或會影響水質的物質，但卻會緩慢釋出許多植物所需的營養元素。在市場上，火山岩被依不同顆粒大小販售，但最適合使用在魚菜共生系統的火山岩，為顆粒直徑約 0.8 ～ 2 公分之間大小者。太小的火山岩容易因為不斷產生的固態廢物而阻塞；太大則會降低對作物株體的穩固性。

發泡煉石是以黏土和水在超高溫（超過 1000℃）下燒製而成的紅褐色至土黃色顆粒狀介質。同樣的產品在國外被稱為「輕質膨脹黏土粒」（light expanded clay aggregate；LECA）。它一樣具有相當足夠的表面積容積比，約 250 ～ 300 m²/m³，能保溼又透氣，且質地堅硬不會輕易粉碎。適合魚菜共生系統的發泡煉石顆粒尺寸亦約為 0.8 ～ 2 公分。

除此之外，天然的河川砂礫也能拿來作為栽培介質。不過，砂礫本身是否會釋放影響水質（pH 值、硬度等）的物質，需視其來源之地層結構而定。相對來說，有機性的天然資材（如泥炭土、木屑、椰纖等）較少被建議使用魚菜共生上，因為這些有機性介質不僅容易釋出有機酸而影響水質，也容易腐化、淤積於植床之中，使得水流動向不順，產生缺氧區域，釋出有毒性的還原物質。若真的要在魚菜共生系統使用這些有機性的介質，則需視實際狀況不定期汰換掉較舊的介質，重新換上新介質。舊的介質則可以混入一般的土壤中，作為有機肥使用。

發泡煉石。

火山岩。

第 4 章
系統中用水的考量

在魚菜共生系統中，水是魚的生存環境，也是作物的養分來源，更是在系統裡引領能量流動與物質循環的必要載體。水的各種性質，也就是水質，決定了水環境的狀況。然而，魚、作物與微生物三者，各自有其最適合的環境狀況。是故，即使硬體已設置完成，魚菜共生系統要能夠順利地運作，關鍵仍在於如何控制系統中的水質以同時滿足魚、作物與微生物三者所需。接下來將談談「水質」是什麼，如何進行檢測來得知水質的狀況，以及當系統中的水質不利於魚菜共生系統的運作時，要如何進行調整。

適合使用於系統中的水源

在魚菜共生系統中注入新水的時機通常有三個，分別是——當全新的系統硬體管路已設置好，即將注水開始運作時；因水分的蒸散、噴濺與植物的吸收等原因導致系統中的水量緩慢減少而需添補新水時；以及發現水質不佳，需要藉由適量換水來降低水中有害物質濃度之時。魚菜共生系統中之用水通常來自於取得較為容易的自來水，地下水／井水或是雨水。無論是哪一種水源，在注入系統之前，都要確定該水源沒有受到任何有毒物質的汙染。再者，各個水源的水質條件不一定都適合魚菜共生系統的運作。因此，在使用之前必須先對用水進行基本的檢驗工作以了解水質，進而評估其是否適合用於系統、是否需

要進行水質調整的工作、以及水質的調整程度等。

在沒有工業汙染的地區，以及其風向上游沒有工業區分布的地區，雨水是一個推薦使用在魚菜共生系統中的絕佳水源。首先，它不用額外的水費，大大降低魚菜共生系統運作的成本。再者，雨水通常為中性、不含鹽分，因此不用擔心注入系統後造成水質的變動或是鹽分累積。不過，雨水的硬度和鹼度低，使用前要設法適當地調整。（關於鹼度的定義與其緩衝水質的原理，將於下節內容中談及）。不過，若系統設置的地區或其周遭地區具有密集工業區、焚化爐等設施，就不建議直接使用雨水來當魚菜共生系統的用水，除了酸雨的顧慮之外，雨水中可能會含有有毒的工業或焚化廢物。

無論是新系統設立或是舊系統維護，都會需要在系統中注入新水。

只要確定該地區地層中沒有含有天然存在的重金屬或其他汙染物,則地下水和井水也是可以被使用於魚菜共生系統中的。不過,地層的地質條件會嚴重影響地下水的水質。因此,事先了解當地水源狀況,適當地調整用水的水質絕對是必須的工作。

來自於地上水源(水庫)的自來水水質穩定、乾淨,取得也方便,自然是魚菜共生系統水源的首選之一。當然,這就會有一定的水費支出。使用自來水作為系統水源的唯一顧慮,就是自來水廠為了消毒殺菌所添加的「氯」(chlorine)或「氯胺」(chloramines)。原則上,自來水中這些殺菌劑的濃度都不至於會對人體造成急性的毒性。然而,這些具殺菌能力的化學物質一旦進入魚菜共生系統,也會對系統中建立起來的微生物造成殺傷力。氯本身較不穩定,因此如果自來水廠所使用的殺菌劑是氯,則只要將自來水靜置或打氣一天,水中的氯自然就會揮發掉。相較之下,氯胺則較為穩定。如果該地自來水廠所使用的殺菌劑是氯胺類,則需要先設法將氯胺移除(常用的方式為使用活性炭),才能將水使用在魚菜共生系統中。同樣地,不同的地上水源,水質條件也會有差異。因此,用水水質的檢測工作無論如何都要進行。

重要的水質項目

水質項目很多,但對魚菜共生系統運作的成功與否會有較大影響者

主要為酸鹼度(power of hydrogen;pH)、水溫(temperature)、溶氧(dissolved oxygen;DO)、含氮營養鹽濃度、硬度(hardness)與鹼度(alkalinity)等。

酸鹼度(pH)

化學式(a)

$$H_2O \rightleftharpoons H^+ + OH^-$$

其中,$[H^+] = 1 \times 10^{-7} M$

$[OH^-] = 1 \times 10^{-7} M$

算式(a)

$$pH = -\log [H^+]$$

在理想的平衡狀況下,純水(H_2O)是以 1×10^{-7} 莫耳濃度(M)的氫離子(H^+)與 $1 \times 10^{-7} M$ 的氫氧根離子(OH^-)共存的形式存在,見化學式(a)。根據定義,酸鹼值(以下簡稱 pH 值)代表水中氫離子濃度的負對數值,如算式(a)所示。換言之,pH 值即代表水中的氫離子濃度,或可稱為「酸度」。因此,純水的 pH = $-\log(1 \times 10^{-7})$,亦即 7,即代表水的酸鹼度呈中性。當水中的氫離子濃度高於 $1 \times 10^{-7} M$,根據算式(a),則所得之 pH 值會小於 7,此時水質呈酸性,且 pH 數值愈小代表水愈酸。相反地,當水中的氫離子濃度低於 $1 \times 10^{-7} M$ 時,所得之 pH 值大於 7,即代表水質呈鹼性,且水的鹼性愈強,則 pH 數值愈大。必需提醒的是,pH 值每差 1,就等同於氫離子的濃度相差 10 倍,而 pH 值差 2,

等同於氫離子濃度相差 100 倍！舉例來說，pH 值為 7 的水中，氫離子濃度是 10^{-7} M；但 pH 值為 6 的水中，氫離子的濃度則是 10^{-6} M，是 10^{-7} M 的 10 倍大；而 pH 值為 8 的水中，氫離子濃度為 10^{-8} M，是 pH 值為 6 的水中之氫離子濃度的 1/100。

酸鹼度對於魚菜共生系統是否能正常運作有極大的重要性。每一種魚可容忍的 pH 值範圍各有不同，而常見的淡水魚類能夠適應的 pH 值範圍通常界於 6.0 ～ 8.5 之間。此外，pH 值會決定「總氨態氮」（total ammonia nitrogen；TAN，即氨（NH_3）與銨（NH_4^+）的總和）存在的形式。水中的氨和銨之間會作動態的轉換。在較酸（氫離子濃度較多）的環境中，總氨態氮主要以銨的形式存在；在較鹼（氫離子濃度較少）的環境下，總氨態氮則以較多的氨形式存在。氨對水生生物的毒性比銨還來得大。因此，如果在將魚飼養在鹼性（pH>7）的環境中，則系統的硝化作用一定要建立得十分健全，讓水中的總氨態氮維持在極低的濃度。否則，存在於系統中的總氨態氮會以毒性較高的氨形式存在並毒害養殖生物。

對於水耕作物而言，水的 pH 值會影響根系對水中營養元素的可獲得性。每一種植物所需的元素，都有其溶解度最佳的 pH 範圍。總的來說，pH 值只要落在 6.0 ～ 6.5 之內，所有植物所需的元素都會有較佳的溶解度，讓植物根系易於吸收。

扮演魚菜共生系統關鍵角色的微生物，特別是硝化細菌，也需在合適的 pH 值範圍內才能生存與作用。一般來說，當水中的 pH 值低於 6，硝化作用的進行就會逐漸下降，甚至停止。魚菜共生系統中的硝化作用一旦失靈，整個系統中的物質循環將會停滯，系統也將崩壞。

水的來源、硝化作用的進行、魚隻飼養的密度等，都會決定系統水體中的 pH 值。水源的水質會受到該處的環境狀況、地質甚至人為活動的影響而有所不同，在用水之前一定要確實檢測水質。硝化細菌在轉換氨態氮為亞硝酸鹽與硝酸鹽的同時，會釋放出氫離子。因此，系統在長期運作之後，水中會逐漸累積氫離子。如果水體本身對酸的緩衝能力差，則會使 pH 逐漸下降（關於水體對酸的緩衝能力，請見以下「鹼度」段落的內容）。此外，如果飼養的魚隻密度高，牠們進行呼吸作用時所排放出來的二氧化碳（CO_2）會溶入水中形成碳酸（H_2CO_3），使得水質偏酸性。

水溫（temperature）

水溫即是水的溫度，對魚菜共生系統的影響甚大。不同魚種對水溫的需求不同，一旦出現實際溫度與其需求不符合的情況，輕則魚隻的活力降低，食慾下降，重則出現疾病感染甚至死亡的情形。依其適溫的範圍，通常會把淡水魚類粗略分為冷水魚（15 ～ 18℃）、溫水魚（23 ～ 30℃）以及介於兩者之間者（18 ～ 25℃）。除了少數的冷水魚（如鱒魚）

之外，較常被選擇飼養在魚菜共生系統中的魚種則多屬適溫範圍在 18～30℃之間的魚類，例如吳郭魚（台灣鯛）、鱸魚、鯉魚（包含錦鯉）、鯰魚與各式的觀賞魚（熱帶魚）等。同樣地，不同的植物種類在發芽與生長發育期間對溫度的需求也不同。過高的水溫對作物根系的養分吸收能力也會造成負面影響。因此，在魚菜共生系統中，魚種和作物種類的選擇上除了要能符合當地氣溫條件之外，兩者間的適溫範圍也需重疊。除了魚和菜之外，水溫也會影響其他的水質條件，例如水中的溶氧，以及透過影響微生物的活性而改變水中含氮物質的存在形式。

水溫的變動幅度也是魚菜共生系統運作時需注意的。一般而言，無論對魚、對菜或對菌，每日水溫變動幅度愈小愈好。而系統水溫的驟變，通常是因為日夜溫差過大所造成。這情形在設置於室外的系統上更為明顯。如果不想裝設高耗電的控溫裝置，視實際的情況在系統周遭設置遮陰網、遮陽板以阻擋直接的日晒，或在系統槽外包裹保麗龍板等隔溫資材以防止夜間水溫流失等，都是可以考慮的不錯方法。

在國外，有些地區的冬天溫度極端地低、甚至會下雪結冰。在當地，是否於冬天時節暫停室外魚菜共生系統的運作，或暫將系統移入室內，都是在系統設計時就必須考慮到的。不過，這個情形在台灣（尤其是平地地區）並不需要多慮。

溶氧（dissolved oxygen；DO）

存在於水中的氧氣，也就是溶於水中的氧氣，或簡稱為「溶氧」（以下簡稱 DO），不會與水起化學反應。氧氣在水中溶解度的算法是依循「亨利定律」（Henry's Law）——在定溫下，能溶解於定量液體中的氣體量與液體表面的氣體壓力成正比，見算式（b）。

算式（b）
$$C_{equil} = \alpha \times P_{gas}$$

其中，C_{equil} 是平衡時溶於液體中之氣體濃度；α 是亨利常數，會隨氣體的不同、溫度的不同而有所不同；P_{gas} 則是液面上的氣體壓力。

依照此關係，在 1 大氣壓下，乾燥空氣中含有 20.9% 的氧氣，在水溫 20℃ 的狀況下，水中亨利常數為 43.8 mg/L·atm。因此，在達到平衡時，水中溶氧為 43.8 x 0.209 = 9.15 mg/L。

水中 DO 主要來自於空氣中。空氣中的氧氣必須通過空氣與水的接觸面後始能進入水中。因此，空氣與水接觸的總表面積大小影響水中 DO 甚鉅。一般來說，增加水流流速，讓水表擾動，以及打氣並儘量讓氣泡變小等方法，都是為了讓空氣與水接觸的表面積增加而提升 DO 的方法。此外，溫度也會影響氧氣溶入水中的量。一般而言，溫度較高，水中 DO 較低；相反地，溫度較低，DO 則較高。不過，氧氣並非能夠無限制地溶

入水中。氧氣能夠溶進水中的最高量稱為「飽和溶氧」，在 20℃、25℃ 與 30℃ 下，淡水的飽和 DO 分別為 9.1 mg/L、8.3 mg/L 與 7.6 mg/L。

飼養魚類時，水中 DO 一定要維持在 4 mg/L 以上，魚隻才不會因缺氧而影響生理作用甚至窒息死亡。不過，每一種魚類對水中溶氧的需求仍然依體型大小、原生棲地形態、種類、飼養密度的不同而不盡相同。通常，體型大的個體需氧量比體型小的個體還高；原生於溪流形態棲地的魚類，需氧量也會比原生於流速緩慢甚至靜止之小型水塘的魚類還來得高；活潑好動的魚類，需氧量通常也會比時常靜止不動或活動力較低的魚種來得高。

含氮營養鹽濃度

氮元素通常是以粗蛋白的形式存在於魚飼料之中，並隨著餵食進入魚菜共生系統之中。魚飼料中的氮，一部分在被魚吃食後由魚體吸收利用；一部分在進入魚體之後並未被吸收而以尿液或糞便的形式排出體外，進入水中；最後一部分可能是以未被魚吃食的殘餌形式存在於系統中。除了飼料外，魚隻體表分泌的黏液、飼養過程中不慎死亡的魚隻個體、故意或意外投入系統中的生物性物質（如作物或環境周遭植物的落葉殘枝等）等，也都是氮元素進入魚菜共生系統的途徑。殘餌、魚隻糞便、魚屍、落葉等是以固態氮源的形式存在，它們會被微生物轉變為氨態氮。而由魚類鰓部所排泄出之尿液則屬液態的氮源，以氨為主要組成。硝化細菌會把氨態氮逐步轉化成亞硝酸鹽（nitrite；NO_2^-）和硝酸鹽（nitrate；NO_3^-），此三者統稱為「含氮營養鹽」。硝酸鹽為植物吸收氮元素的主要形式。因此，在魚菜共生系統中，硝酸鹽是硝化作用的最終產物，也是作物的養分。簡言之，氮元素最初以魚飼料形態進入魚菜共生系統，最終則以魚肉和作物的形態被採收而離開系統。氮在系統水中存在的形式與其含量多寡，決定了此系統的水「肥分夠不夠」，直接影響著魚和作物的成長。

對水生生物的毒性，也是含氮營養鹽特別受到魚類養殖者注意的原因。根據研究，氨濃度超過 1 mg/L，就開始會造成水生生物在短時間之內死亡，且 pH 愈高有毒性愈強的趨勢；當然，致死濃度會依生物的不同而不同[*1]。除了高濃度所造成的急性死亡之外，長期生活與暴露在較低濃度總氨之下也會造成水生生物的慢性傷害，像是抑制生長、損害神經系統、破壞鰓部組織等。學者們一致認為，在養殖水生生物時，水中的氨態氮濃度最好要低於 0.05 mg/L（對某些敏感的魚種，甚至需低於 0.01 mg/L），才不會對養殖生物造成不良影響。不僅對魚，水中過高濃度的氨（高於 4 mg/L）也會抑制細菌（包括硝化細菌）的生長。類似的情形也發生在亞硝酸鹽上[*2]。當亞硝酸鹽濃度高於 0.2 mg/L 後，就會對魚隻健康造成影響。相反地，魚類可以容忍硝酸鹽的

濃度高達 300 ～ 400 mg/L 以上。也就是說，氨態氮和亞硝酸對魚類的毒性是硝酸鹽的數百甚至數千倍以上。雖然魚隻可以容忍高濃度的硝酸鹽，但為了避免作物吸收過多的硝酸鹽而對人體健康有負面影響，一般在魚菜共生系統中硝酸鹽濃度的建議值在約 150 ～ 200 mg/L 之間或以下。

硬度（hardness）與鹼度（alkalinity）

硬度代表水中多價陽離子的總濃度，如鈣離子（Ca^{2+}）、鎂離子（Mg^{2+}）、鍶離子（Sr^{2+}）、亞鐵離子（Fe^{2+}）、錳離子（Mn^{2+}）、鋁離子（Al^{3+}）、鐵離子（Fe^{3+}）等。在絕大部分的情況下，天然水中的多價陽離子組成主要為鈣離子和鎂離子，其他離子所占比例較少，因此常被忽略不計。由於硬度是由多種不同多價陽離子所造成，因此水中的硬度在單位上常會把每一種多價陽離子的濃度（g/L）先統一轉換為以每公升（L）水中含有等同當量碳酸鈣（$CaCO_3$）的方式來表示，即 mg $CaCO_3$/L。是故，水中的總硬度即是將各個不同多價陽離子的濃度（已轉換成 mg $CaCO_3$/L 表示）之總和。某多價陽離子（X）濃度單位由 g/L 轉換為 mg $CaCO_3$/L 的算式請參考算式（c）。

鹼度則是水對酸緩衝能力的一種量度，形成水中鹼度的物質主要為弱酸的鹽類，亦包括弱鹼、強鹼。在絕大部分情況下，天然水中的鹼度是由溶於水中的二氧化碳（CO_2）及其後續所形成之重碳酸根離子（HCO_3）、碳酸根離子（CO_3^{2-}）與氫氧根離子等造成。會形成鹼度的物質相當多而不易分辨，因此在實務上仍以前述三者的總和作為鹼度的依據，單位上也是以 mg $CaCO_3$/L 來表示。在水中，二氧化碳溶於水會形成碳酸（H_2CO_3），形成如下方化學式（b）般的平衡系統。若水中的碳酸根離子較高（即鹼度高），當有額外的酸（氫離子）進入後會與其反應，在生成重碳酸根離子的同時也吸收掉氫離子，因而限制住水中氫離子濃度的增加以及 pH 值的降低。此外，重碳酸根離子本身也扮演氫離子暫存區的角色。一旦環境中的氫離子因故減少了（即水中酸度降低，pH 值升高），重碳酸根離子會轉化為碳酸根離子，並釋放出更多的氫離子，以補充環境中減少的量。因此，鹼度愈高，在大部分的

算式（c）

$X_{(mg\ CaCO_3/L)} = X_{(g/L)} / X$ 之當量重 $_{(g/eq)} \times 50_{(CaCO_3\ g/eq)} \times 1000_{(mg/g)}$

其中，X 之當量重 ＝ X 之分子量 / 價數

化學式（b）

$H_2O + CO_2$（二氧化碳）$\leftrightarrows H_2CO_3$（碳酸）$\leftrightarrows H^+ + HCO^{3-}$（重碳酸根離子）$\leftrightarrows$ $2H^+ + CO_3^{2-}$（碳酸根離子）

藉由使用檢測儀器與測試劑，有助於具體了解系統的環境是否適當。

使用水質檢測試紙時，大多是將試紙浸入待測水體並取出待其呈色後，將色彩與廠商所附的比色卡進行比色以得知水體的水質範圍。

情況下是代表重碳酸根離子、碳酸根離子與氫氧根離子在水中的存在量愈多，則水中的 pH 值愈不容易發生驟變。

雖然硬度和鹼度在國際上的通用單位均為前面提到的 mg CaCO₃/L，使得許多人會對硬度和鹼度產生混淆，但就如前面所述，它們各自代表不同的意義。德國創立了兩個德制的單位來各自代表硬度和鹼度，即 dGH（Deutsche Härte）和 dKH（Karbonathärte）[*3]。是故，dGH 代表的就是水中鈣、鎂離子的總濃度；dKh 則代表了水中重碳酸根與碳酸根等離子的總濃度。在單位轉換上，1 度的 dGH 與 1 度的 dKH 均等同於 17.848 mg CaCO₃/L。不過兩者的意義不一樣。1 度的 dGH，指的是水中鈣鎂離子的濃度相當於水裡有濃度達 17.848 mg/L 的碳酸鈣；而 1 度的 dKH，指的則是水中的重碳酸根與碳酸根離子的濃度，相當於水裡有濃度為 17.848 mg/L 碳酸鈣的量。

根據美國地質探勘局（United States Geological Survey；USGS）的分類，水的硬度被分為四級：

• 軟水（soft）：硬度值為 0 ～ 60 mg CaCO₃/L。
• 中度硬水（moderately hard）：硬度值為 61 ～ 120 mg CaCO₃/L。
• 硬水（hard）：硬度值為 121 ～ 180 mg CaCO₃/L。
• 高度硬水（very hard）：硬度值為大於 181 mg CaCO₃/L。

在飼養觀賞魚的領域中，水質軟硬度的認定分類約略為：0 ～ 8 度 dGH 之間為軟水；8 ～ 12 度 dGH 之間為中性水；12 ～ 30 度 dGH 之間為硬水；超過 30 度 dGH 則為超硬水。每一種魚類適合的鹼度與硬度，自然是因魚而異。不過，大部分常見的魚種多可適應在硬度中等或微軟的水質中。

其他

在大部分的魚菜共生系統中，飼養的多是淡水水產生物，種植的則是一般的陸生作物。這類生物（作物）並不特別需要鹽分的攝取，特別是鈉元素（Na）。雖然有些次級淡水魚可以容忍水中鹽分的存在，但鈉本身並非絕大部分植物所需的必需營養元素。事實上，當水中鈉濃度大於 50 mg/L 時，對植物的生長反而有負面的影響。鹽度（salinity）是一個用來表示水中鹽分多寡的水質項目。水中鹽分的來源，通常主要為「氯化鈉」（sodium chloride；NaCl；也就是食鹽），以及其他的鹽類，單位為 ppt 或 p.s.u.（practical salinity unit）。純水與一般的淡水之鹽度為 0 ppt；海水的鹽度通常為 35 ～ 37 ppt 左右；而如河川的出海口、紅樹林等會有淡海水交會發生、被稱為汽水域（brackish water areas）的地區，鹽度則介於 0 ～ 35 ppt 之間不等。如果魚菜共生系統使用的水源是來自於地下水，尤其是沿岸地區，則水中的鹽度必須特別注意，因為有可能發生海水滲入地下水

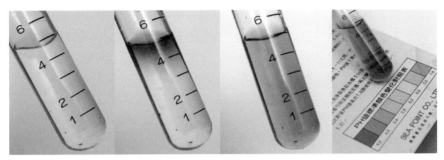

使用水質檢測劑時，大多是取一定量的待測水體並滴入化學試劑之後，水溶液會開始呈色。最後再將水色與比色卡上進行比色。

中的情形。此外，魚飼料的生產過程中常會為了增加嗜口性而添加鹽，因此已經長時間運轉的魚菜共生系統可能會有不少的鈉累積在系統中。若真發生這樣的情況，需酌量地更換系統中的水體以降低鈉濃度。

水質檢測

在魚菜共生系統中，唯有掌握水質，才能知道魚、微生物與菜三者所生長的環境是否良好，系統運作是否正常。要了解水質，就必須對水質進行檢測。檢測魚菜共生系統中的水質是日常管理維護時必須確實做到的工作項目。一般而言，在系統剛設立並啟動時，水質檢測的工作必須較為頻繁（數日一次，甚至每日一次），以了解系統啟動的狀態。而當系統運作上軌道之後，魚菜的生長狀況若一切正常，則可以拉長水質檢測的時間至一週一次，甚至數週一次。

水體的 pH、水溫、DO、含氮營養鹽濃度、硬度與鹼度等，都可以經由一些方法測定得知。例如，水的

pH 值可以藉由「酸鹼指示劑法」、「電極法」等得知；硬度和鹼度可以藉由「滴定法」得知。關於這些水質項目詳細的化學性檢測方法原理和步驟，可以參考相關的書籍資料。不過，在此我們所要提的，是操作上更為方便、簡易而省時的「試劑比色法」與「試紙比色法」。許多跟魚類飼養相關的廠商，包括觀賞水族廠商，已研發並販售這兩種類型的水質測定套組，可檢測的項目已涵蓋這裡所提到的 pH、含氮營養鹽濃度、鹼度和硬度幾項了。

縱使細節上可能會因廠商或檢測水質的項目不同而有些微的不同，但試劑比色法的操作流程都十分簡單。檢測步驟通常依序為：

- 取固定體積的水樣。
- 滴進定量的檢測試劑。
- 水樣從原本的透明無色逐漸呈色。
- 等待反應一段時間。
- 將完全呈色的水樣與說明書中所附的比色卡相互比對，找出水樣呈色座落的範圍，即可得知水樣中的水質狀況。

酸鹼度（pH）檢測筆。

溫度計。

總溶解性固態物 (TDS)
檢測筆。

光學式鹽度計。

試紙比色法的操作則更為容易，只要把試紙（通常作成紙條狀）浸入水樣中讓試紙吸到水後再拿出，平置於桌上待其反應完畢而呈色，最後再把紙上呈色與比色卡比對，找出呈色座落的範圍與其對應的水質狀況即可。雖然試劑型的結果精準度比試紙型高，但操作步驟較多，而且還會產生廢液；相較之下，試紙型的使用簡單，但檢測結果的精準度較低，且試紙本身易怕受潮，在保存時需費心。兩種簡易的水質檢測套組都可以在水族館或魚菜共生農場等實體或網路商家購得。

水溫的量測，可直接使用溫度計來進行。溫度計有貼紙式、刻度式（常見者包含酒精式、水銀式兩種）與電子式等。其中，考慮性價比與安全性，以酒精型的刻度式溫度計較為推薦。

在這幾個跟魚菜共生系統關係較大的水質項目之中，溶氧的量測最為麻煩。在實驗室中，水中的溶氧可以在採取水樣後，藉由一些化學分析法（碘定量法等）來進行檢測得知。不過，更為常用的方式則是透過電極法來直接量測。可惜的是，溶氧測定儀與電極在價格上並不便宜，往往不太能被一般業餘玩家所接受。所幸，根據經驗，只要魚菜共生的系統有維持明顯的水流，且各槽體都設置打氣的裝置，在非極端的環境狀況下，系統中的溶氧通常都仍能維持在至少 5 mg/L 以上，不需過度擔心。

水中「鹽度」雖然不常被視為魚菜共生系統運作的關鍵水質項目，但仍然不可忽略，尤其是最初在確認水源的基本特性，以及系統長時間運作後要了解其中鈉累積的情況時。水中所含鹽分的多寡除了可以用鹽度來表示之外，也可以用另外兩個具指標性的水質項目——「電導度」（electrical conductivity；EC）與「總溶解性固態物」（total dissolved solids；TDS）來表示。電導度代表水中可導電物質（例如帶電離子）的含量，單位為每公分距離的毫西蒙數（mS/cm）或微西蒙數（μS/cm）。水中的可導電物質含量愈多，可以通過水體的電流愈高，即電導度愈高。而總溶解性固體含量，顧名思義，則代表水中所含的可溶解性固體的含量，單位為 g/L（ppt）或 mg/L（ppm）。一般的水體中除了液體的水之外，常含有固體。當取一定量的水樣並攪拌均勻，經過濾紙（篩目 1.5 μm）過濾之後，留於濾紙上的固體稱為總懸浮性固體（suspended solids；SS）。過濾後的水，再經 103 ～ 105℃ 蒸發去除所有水分之後，所剩下的固體即為總溶解性固體。懸浮性固體含量與總溶解性固體含量，共同組成水中的總固體含量（total solids；TS）。在大部分的水體中，水中可導電物質的來源即為各式包含食鹽（氯化鈉）等在內的溶解性離子，三者之間常有正比的關係。也就是說，水中所含的溶解性鹽類愈多，電導度愈高，鹽度也愈高。以海水為例，鹽度約為 35 ppt，電導度約為 50,000 μS/cm。大部分常被種植的陸域植物都不需要太高的鹽度，根據

經驗法則，在魚菜共生系統中的鹽度需維持在 0.8 ppt 以下，即電導度在 1,500 μS/cm 以下[註4]。鹽度的量測可以直接使用光學式的鹽度計來進行；電導度則有電子式的電導計可以使用。兩者都不算是太昂貴的儀器。

水質調整

檢測系統的水質之後，如果發現水質與理想中的狀況不同，為了讓魚菜共生系統運作順利，可能必須試著進行水質調整的工作。

水溫

台灣大部分區域的溫度變化範圍，都還算符合魚菜共生系統的運作所需，但仍偶有過冷或過熱的情況。中、大型系統中的水溫如果太高，可以透過增加遮陰與空氣流通、避免陽光直晒來達成降溫的效果。如果是小型的系統，則可以考慮使用冷水機。不過，冷水機的價格高，耗電量也較大，通常不被建議。如果系統可以移動且室內空間足夠，可以考慮在氣候不佳時將系統移入室內。如果水溫太低，則可以考慮使用加溫裝置，但同樣會有較為耗電的問題，增加系統經營的成本。

溶氧

魚、作物和微生物的生長和作用都會消耗氧氣。當水流過於緩慢，魚隻密度高，或水溫較高時，特別容易發生水中 DO 過低的情況。為了確保系統水體內的 DO 足夠，一定要至少讓系統水體出現肉眼可見的明顯水流。此外，打氣機或是文氏管等增氧設備的使用對於提高水中 DO 也有正面的幫助。

pH 值、鹼度和硬度

在魚類飼養的系統（包括魚菜共生系統）之中，較常被調整的就是水中 pH 值、鹼度和硬度三者。事實上，三者之間的調整也常會互相牽動。

前面提過，在已長時間運作的魚菜共生系統中，往往會有 pH 值過低的狀況。雖然在微酸的環境中（pH 在 6.0～6.5 之間），植物所需元素有較高的溶解度而有助於植物吸收利用，但若 pH 長期低於 5.5～6，並不利於硝化細菌的生長與作用。因此，一旦系統水體 pH 低於 6，就需要進行調整。提高 pH 的方式通常為加入鹼，常用者包括氫氧化鉀（potassium hydroxide；KOH）、氫氧化鈣（calcium hydroxide；$Ca(OH)_2$）、碳酸鉀（potassium carbonate；K_2CO_3）與碳酸鈣（calcium carbonate；$CaCO_3$）等。其中，氫氧化鉀和氫氧化鈣鹼性較強，具危險性，因此操作時需格外注意。將這些鹼加入水中之後，會解離出氫氧根離子或碳酸根離子，進而同時增加水中的鹼度。而如果使用的是氫氧化鈣和碳酸鈣等含鈣的鹼，則加入水中之後，鹼度和硬度都會增加。因此，究竟要選擇哪一種鹼來提高 pH，要同時看系統中的鹼度和硬度狀況。如果想同時提高鹼度和硬

水族館中容易購買到的可控溫式加熱器。

度，則可以選擇氫氧化鈣或碳酸鈣；如果只想提高鹼度，不想提高硬度，則可選擇氫氧化鉀或碳酸鉀。這些純化的鹼類，可以在化工原料行買到粉狀的產品。自然界中也有許多東西含有大量的碳酸鈣，例如蛋殼、貝殼（蚵殼）、珊瑚砂、大理石等。如果在調整水質時不願意使用化學鹽類，則可用這些物質來作取代。碳酸鈣本身的水溶性不高，使用這些天然的碳酸鈣來源之前，請記得先把它們儘量敲碎，以增加其與水的接觸表面積，有助於提高其溶入水中的量。氫氧化鈉（sodium hydroxide；NaOH）、碳酸氫鈉（sodium bicarbonate；NaHCO$_3$；即小蘇打）等雖然也可以提高水中的pH，但因為它們都具有鈉離子，並不建議使用。

通常，當使用到鹼度與pH值較高之水源時，則需要調整水質讓pH降低。在鹼度較高的情況下，系統運作時所產生的氫離子無法消耗掉極大量的鹼度物質（即重碳酸根離子、碳酸根離子、氫氧根離子等），使得pH始終降不下來。若每次系統水體因為自然蒸散變少而需要添補新水時，使用的又是相同的高鹼度／高pH水源，則無疑是讓系統中的鹼性物質含量日益增加。在這種狀況下，就要設法讓pH與鹼度下降，落於運作時的合理範圍之內。要讓水的pH下降，首先要降低水中的鹼度。如果當地可取得的水源水質屬高鹼度、高pH，例如地下水、井水等，則需儘量減少其用量，並搭配使用雨水作為初期建

構系統時所用的主要水體。同時，日後添補新水時，也同樣採用雨水。這樣做可以降低系統中所含之鹼度物質的濃度，也進而減少日後為降低pH所添加的酸量。常用來降低魚類養殖系統與魚菜共生系統的酸包含磷酸（phosphoric acid；H$_3$PO$_4$）、硫酸（sulphuric acid；H$_2$SO$_4$）、硝酸（nitric acid；HNO$_3$）等。其中，硫酸和硝酸屬強酸，具強腐蝕性，適用於水中鹼度和pH值極高的情況之下，使用時要極為小心。

無論是加酸或是加鹼，操作時都一定是把酸（鹼）加入水中，而不能把水加入酸（鹼）中，否則容易發生瞬間加熱（放熱）現象，出現酸（鹼）液爆烈噴濺的危險反應。如果使用的是氫氧化鉀、硫酸、硝酸等強酸強鹼，需穿戴手套眼鏡以保護自身安全，並小心操作。若非必要，儘量於魚和菜不在場的情況下進行pH的調整。此意謂著，在系統設立之初、魚和菜引進之前，就應先行檢測用水的水質並進行調整。等調整好之後，才能引入魚及菜。而日後管理補水時，也需先行把用水獨立調整好水質之後，再緩慢添加進系統中，嚴禁直接於系統中加酸加鹼。最後切記，水質調整時和調整後，要頻繁地檢測水質的變化。每一種系統的設計、水量、水源等狀況都不一樣，因此沒有絕對的酸（鹼）用量參考數值。因此，調整水質時，必須一邊調整一邊檢測，同時做紀錄，以作為下次酸鹼用量的參考。

魚菜共生系統的水質範圍

　　魚、菜與微生物三者對各個水質項目的需求各有其最適的範圍。如果把三者最適水質需求的範圍拿出來比對，則它們相互重疊之處就是魚菜共生系統運作的最適水質範圍，亦即同時適合於魚、菜和微生物的水質狀況了。根據經驗，魚菜共生系統的最適水質範圍如下：

- 溫度 18～30℃。
- pH 6～7。
- 總氨態氮濃度小於 1 mg／L，最好接近於 0。
- 亞硝酸鹽濃度小於 1 mg／L，最好接近於 0。
- 硝酸鹽濃度介於 5～150 mg／L 之間。
- 溶氧大於 5 mg／L[5]。

※1 資料來源：Lewis Jr. & Morris, 1986，參見 p.132。
※2 資料來源：Meade, 1985；Randall & Tsui, 2002，參見 p.132。
※3 dGH 為 degree of general hardness（總硬度）或 German hardness（德制硬度）的縮寫。dkH 則代表 Carbonate hardness（碳酸鹽硬度）。
※4～5 資料來源：Somerville et al., 2014，參見 p.132。

NOTES

系統設計

在國外發展魚菜共生系統的過程中，建立出幾個具代表性的系統典型。而國內近年所發展的魚菜共生，系統的設計上大多也仿效這些典型的系統，或再加以修飾。在設計一座魚菜共生系統之前，通常必須先決定好要採用何種水耕作物栽培方式。水耕栽培方式的不同，關係著魚菜共生系統的配置設計、系統的日常管理維護、與作物的種植與採收。較常被應用於魚菜共生系統中的循環水式水耕栽培法有植床式（media bed）、深水式（deep water culture technique；DWC）以及養液薄膜法（nutrient film technique；NFT）等。接下來將介紹數種以這些水耕栽培法為基礎所建構的魚菜共生系統典型，以及建構它們時需要先了解的事項。不過，魚菜共生系統的設計並沒有一定的公式，完全視設計施作者的需求、限制與創意而定。因此，以下提供的是系統設計的大方向，細節部分則可以讓施作者盡情發揮！

以「植床式」水耕栽培方式
為基礎的魚菜共生系統

植床式水耕栽培方式是許多人在建構魚菜共生系統時的首選。它兼具有系統設計單純、組裝簡單、適合所有作物、運作成功率高、與其他硬體（如潮汐系統）改裝結合的彈性大等優點。植床通常為水平向槽體，其內鋪設大量的介質，這使得介質本身的總重量以及價格會隨著系統規模增加而上升。也因如此，採用植床式水耕栽培的魚菜共生系統在規模上通常不大。此外，魚糞等固態廢物容易直接聚集在介質中，若未作妥善處置，會在系統中形成缺氧區，不僅降低硝化作用的進行，也會因厭氧菌的增生與作用而釋放有害魚隻的物質。再者，作物直接在植床上生長，根系會深入介質內，在採收時若要連根拔出，將會是一件大工程。即便如此，其他眾多的優點仍然使得植床式水耕栽培成為最常被使用與建議的魚菜共生系統栽培方式。

何謂植床式水耕栽培

植床式水耕栽培就是讓作物直接生長在鋪設滿固形介質的槽體（植床）上。固形介質原則上僅提供作物的「固持性」，其本身不會（或鮮少）直接提供任何養分元素予作物。因此，養液必須流入鋪滿固形介質的栽培槽裡，讓作物根系能夠接觸到，並獲得所需養分以進行生長。而流出栽培槽的養液則會隨著管路回到養液母槽中，進行養液的回收與濃度補正或是直接排放。植床式的水耕栽培，適用於絕大部分能夠以水耕方式來進行

採用植床式水耕栽培法的魚菜共生系統。

栽培的作物，而對於植株高度高、根系量少但細長、支撐力較差的作物而言，更是能夠提供足夠的固持性。

作物的育苗與種植

在魚菜共生系統中採用植床式水耕栽培方式，就是直接將作物定植在植床內，讓其根系深入介質中。在介質固定植株的同時，其根系可以吸收水中的營養物質，並穩定成長。

系統設計

過濾系統

魚菜共生系統的核心運作就是把魚隻尿糞經由過濾與微生物的作用，轉化成為植物的養分。因此，魚菜共生系統要運作順利，在固態廢物的移除（物理性過濾）與微生物的作用（生物性過濾）上一定要發揮效能。若系統採用植床式的水耕栽培法，則植床上的介質不僅是植物生長的地方，也同時提供了移除固態廢物與培養微生物等功能。是故，在此種魚菜共生系統中，獨立的過濾槽體通常不是絕對必須的。

植床內的介質會阻擋來自魚槽的固態廢物，讓其易於沉降下來，這就是物理性過濾。而介質粗糙的表面，以及其結構內的孔隙，提供了微生物附著增生的環境，因此這些介質也是進行生物性過濾的地方。顆粒尺寸愈小的介質物理性過濾的效果愈佳。但是，當固態廢物大量緊密沉積而未作處理時，又會因為水流無法輕易流入而形成缺氧的區域。因此，介質顆粒尺寸的拿捏必須要適當（參見p.32），且有效控管固態廢物量與日常的管理工作也不能少。控管固態廢物的方法如下：

• 降低魚隻密度，從源頭減少固態廢物的產生。

• 增加栽培槽與介質的數量，以提升介質過濾作用的承載量。

• 在汙水流進植床之前，先利用細網或過濾棉作簡易的物理性過濾，並定期檢視與移除網（棉）上的固態廢物。

• 在植床裡飼養能夠協助快速分解固態有機廢物的其他生物，例如最常用的紅蚯蚓。

在汙水流入植床之前，可先用過濾棉進行初步的物理性過濾，以控管進入植床內的固態廢物量。

基本淹排型的魚菜共生系統設計（參考 Bernstein 2011; p.58 重製）

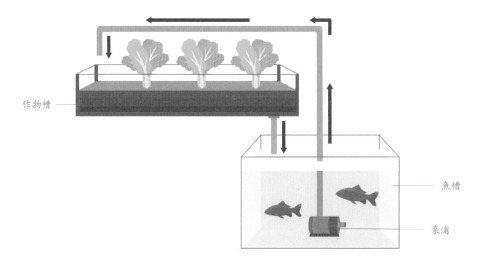

作物槽

魚槽

泵浦

• 萬一介質中真的堆滿了大量的固態廢物且散發出臭味時，則需小心地把植床中的介質取出用清水沖洗。

槽體配置與水流動向

採用植床式水耕栽培的魚菜共生系統由於不需要獨立的過濾槽體，其槽體種類與功能就顯得較為單純。不過，因為採用的人較多，此種魚菜共生系統在發展的歷史上，除了最基本的樣式之外，也出現了一些改良款。茲介紹如下：

① 基本淹排型（Basic flood and drain；FD）

最簡單的植床式水耕栽培型魚菜共生系統即「基本淹排型」（以下簡稱 FD 型），通常只會有魚槽與植床兩個槽體。一般來講，植床會放在高於魚槽的位置。泵浦置於魚槽中，並將魚槽中的水往上打至植床裡。植

床的底部則有一排水管，會讓水順著重力排回到魚槽中，藉此不斷地循環。一般認為，在植床內製造「淹排現象」（flood and drain；亦有人稱為潮汐現象）有助於作物的生長。而基

基本淹排型的植床式魚菜共生系統。

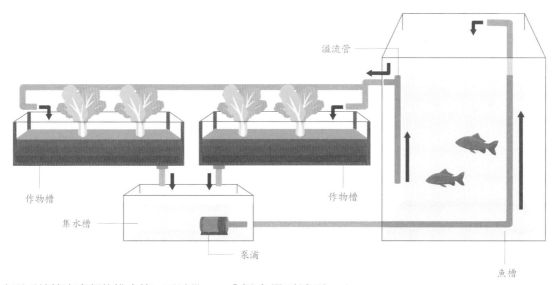

CHOP 型的魚菜共生系統設計（參考 Bernstein 2011; p.59 重製）

溢流管

作物槽

集水槽

泵浦

作物槽

魚槽

本型系統植床底部的排水管，可以設置「自主虹吸裝置」（參見 p.55）來製造植床的淹排現象，也可以透過將泵浦加裝定時器來控制其開與關以製造植床內的淹排現象。然而，FD 型的設計中有一個最大的缺點，那就是魚槽中水位的變動。系統中的水量會因為自然的蒸散作用或是水沫的噴濺而日漸減少，需視實際情況適量補水。在 FD 的設計裡，總水量的增減與水位的高低變化會出現在魚槽中。也就是說，魚槽的水位會因為水變少而降低，再補水而增加。頻繁的水位改變與加水動作易讓魚隻感到緊迫。因此，如果建構 FD 型系統，補水時宜少量多次，並緩慢添加。

② 魚槽水位恆高型（Constant height in fish tank-pump in sump tank；CHIFT-PIST）

「魚槽水位恆高型」，也稱為

「恆高單泵浦型」（constant height one pump；以下簡稱 CHOP 型）。CHOP 型系統設計的出現，改善了 FD 型中魚槽水位會一直上下變動的缺點。CHOP 型設計的關鍵是在系統中增加「集水槽」（sump tank），並將魚槽的出水口改為高度恆定的溢流管。泵浦放置於集水槽裡，將水流從集水槽打至魚槽中，並使魚槽中的水量增加，水位上升，但因魚槽中設置了溢流管，因此只要魚槽中的水位高度開始超過溢流管的開口，水就會溢流出去，使得魚槽的水位保持恆定。而從魚槽溢流管流出的水，則順著管路連結到植床，提供作物所需的養分和水分。同樣地，植床底下有排水口，讓水可以順著重力流回集水槽中，並不斷地再依序進行循環。為了要達成這樣的循環，在 CHOP 型的設計中，各個硬體水路的相對高度關係如下——

在魚菜共生系統的最低位設置集水槽，並把馬達也同樣置於低位，是設計 CHOP 型系統時不可忘記的關鍵。

CHOP2 型的魚菜共生系統設計（參考 Bernstein 2011; p.60 重製）

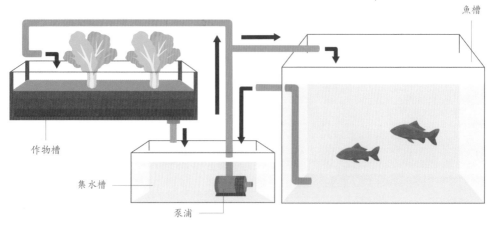

魚槽

作物槽

集水槽

泵浦

圓桶狀儲液槽是建構桶
式魚菜共生系統的主要
材料。

（由高至低）魚槽與魚槽中的溢水管→魚槽水流至植床的排水口→植床與植床的排水口→集水槽與槽中泵浦。

為增加作物產量，藉由管路的安排，可讓植床的數量不只一座。CHOP 型設計系統必須要注意的是，如果在植床內製造淹排現象，例如加設自主虹吸裝置，則集水槽的容量一定要大於所有植床中的總水量才行。原因有二：第一，在虹吸排水啟動之前，大量的水體會有一段時間是留滯於植床內的。此時，集水槽中的容量只要夠大，就算系統中有部分水體被留滯在植床內，集水槽中仍然會有足夠的水能被打至魚槽中，不至於中斷循環；第二，當虹吸排水啟動之後，植床裡幾乎所有的水就會在短時間內全數匯流至集水槽，集水槽也要夠大才足以裝盛這些水量。

③ 恆高單泵浦 2 型（constant height one pump 2）

「恆高單泵浦 2 型」（以下簡稱 CHOP2 型）與 CHOP 最大的差別在於魚槽與魚槽溢流管口的相對高度。CHOP 型設計中魚槽與魚槽溢流管口必須要設置在最高的位置。但在 CHOP2 型的設計裡，兩者的高度位置只要稍高於集水槽即可，不需一定要高於植床。此外，CHOP2 型的泵浦出水一分為二，一半的出水流至魚槽中，增加魚槽的水量與水位，超過溢流管口的水則順著管路再流回集水槽裡；而泵浦另一半出水則直接流至植床當中，並由植床底部的排水口順著重力再流回集水槽裡。同樣地，植床內也可以設法製造淹排作用，同時集水槽的容量要能夠大於所有植床的總水量。

④ 桶式魚菜共生系統（Ponic-in-a-barrel）

桶式魚菜共生系統（以下簡稱桶式系統）最吸引人之處在於它使用了許多便宜、可資源再回收的材料

來建構魚菜共生系統，例如以兩個 55 加侖的大型塑膠桶來分別作為魚槽與集水槽，以及兩個剖半的塑膠桶來作為植床。水路的設計概念原則上與 CHOP 很類似，不過，由 Travis Hughey 所設計出來並註冊名稱的桶式系統「Barrel-ponics®」則有些不同。在他的系統中，最高的位置放置一個塑膠桶當作水箱，中間放置剖半的大桶當作植床，最底下則為魚槽。位於魚槽中的泵浦會將水打至最上方的水箱當中。水箱裡有一些特殊的水閥，當箱中的水量愈來愈多時，會壓迫水閥打開，讓水箱中的水流至植床中。植床底部設有虹吸式的排水裝置，可以排水至最底下的魚槽中，並再進行循環。

植床的出水

　　無論是何種系統設計，流入植床的水並不會一直停留在植床裡。水中養分被作物吸收之後，必須離開植床，並讓富含養分的新水重新再流入。相較於單純的進水，植床的排水會影響植床環境的充水狀況，進而影響植物的生長。一般來說，植床排水的方式有兩種，一種是「淹排式」，另一種則是「恆流式」（constant flow）。

① 淹排式

　　淹排式的排水，指的是水進入植床後，剛開始進水速度大於出水速度，使水位逐漸上升，淹過大部分介質（與作物根系）直到某個高度；之

① 淹排式植床排水

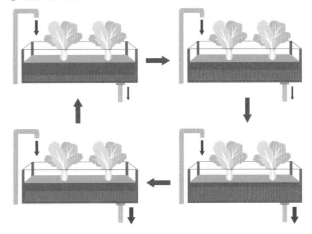

② 恆流式植床排水

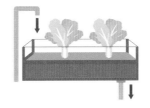

後，植床中的水會再因為某些原因而快速流瀉而出，植床的水位因而下降至幾近排空，讓介質與作物根系直接暴露在空氣中。如此水位上升與下降的現象，週而復始地在植床內發生，就像漲潮退潮一般。是故，淹排現象也被稱為「潮汐現象」。

　　在植床中製造的淹排現象，會使得其中的介質因為接觸水與空氣的程度不同而明顯分為三層。三層區域的環境特性不同，對魚菜共生系統的運作也有其功能性。以一個厚度為 15 ～ 30 公分之間的植床為例，最上方 2 ～ 5 公分左右的區域，是為「全乾區」。這一區也是水永遠都淹

植床中的介質厚度常在 10 ～ 30 公分之間。

植床中的水若有完美的淹排現象，則會在其中製造出三層特性全然不同的區域，由上至下分別為「全乾區」、「半乾溼區」與「全溼區」。

利用定時器控制泵浦運作時間的兩種水路接法（參考 Bernstein 2011; p.98 ～ p.99 重製）

（a）開啟時

（b）開啟時

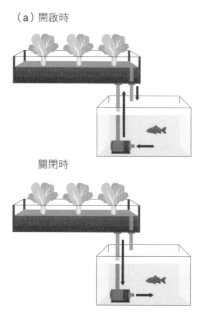

關閉時

關閉時

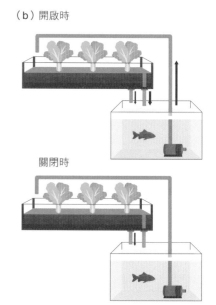

市面上最容易取得的定時器，就足夠用來控制泵浦的運作以製造植床淹排。

不到的部分。在植床中，全乾區具有遮光的作用，可以阻擋光線進入其底下的區域。緊接著，在全乾區底下，植床中會發生淹排現象的區域（通常為 10 ～ 20 公分左右的厚度），稱為「半乾溼區」。在半乾溼區中，植床淹水（溼）的時候充滿水分，植床排水（乾）的時候則充滿空氣。此區中水分、養分與空氣（主要氧氣）的供給不予匱乏，大部分對系統有益處、需要氧氣的微生物與生物也都活躍於此（包括硝化細菌）。如果有在系統植床中飼養紅蚯蚓，牠們的主要活動範圍也是在此區；同時，半乾溼區也是作物根系主要的分布區域。最後，在植床最底下約 3 ～ 5 公分厚度的一層稱為「全溼區」，是會完全浸在水

中的區域。位於植床最底下的全溼區，水流流速最慢，是固態廢物最主要的沉積區。豐富的有機物質，讓真菌類、異營菌、線蟲類等分解者在此區大量出現，在進行「礦質化作用」（mineralization，參見 p.87）分解固態廢物的同時，也將其中的養分釋放到魚菜共生系統中。

　　在魚菜共生系統的植床製造淹排現象，最常用的方法有兩種：「控制泵浦運作的時間」（timly pumping），與「在植床排水管上裝置自主虹吸裝置」（auto-siphone）。

　　控制泵浦運作的時間。為了控制系統中泵浦的運作時間，最簡單的方法就是將泵浦的電源線接到自動定時器上。透過設定定時器上的刻度來控

制泵浦的開與關。在賣場中最容易買到的定時器通常是每 15 分鐘為 1 刻度的機械式定時器，這樣的定時器就夠用在魚菜共生系統上了。運作時，將定時器設定成每 1 個小時內自動開 15 分鐘、關 45 分鐘即可。

使用定時器控制之泵浦來製造植床內淹排現象時，在水路與槽體的連結上有兩種方式。以前述 FD 型為例，第一種水路的接法是魚槽內的泵浦出水口直接連接到植床底部，而植床上則有另一固定高度的溢流水管。當泵浦啟動打水時，魚槽中的水持續由植床的底部進入，使植床內的水位逐漸升高，直到水位超過溢流管口後順著重力落回魚槽。而當定時器關閉泵浦使之停止打水時，植床內的水就會慢慢地順著原本底部出水管倒流回魚槽之中。直到下一次再啟動的時間到時，泵浦又會再把水從底部打進植床內，如此不斷地循環（參見左頁圖 a）。

第二種水路的接法，是將魚槽內的泵浦出水管拉至植床上方，從上往下澆灌。植床內除了裝設一溢流管之外，底部也需另外挖一個孔。需注意的是，這個孔的孔徑要儘量小一點。當泵浦啟動時，魚槽中的水被泵浦打出，由上往下澆入植床中。此時，植床中的水當然也會透過前述底部的那個孔流回魚槽中。因此，必須將那個孔的孔徑挖得小一點，使進入植床內的水量比從排水孔流出的水量多，那麼植床內就會逐漸積水了。水位會逐漸升高，直到超過溢流管口後順著重力落回魚槽。而當泵浦關閉時，泵浦不再出水，植床內的水則會繼續透過植床底部的那個孔緩慢流回魚槽裡，等到開啟的時間到了再繼續下一次循環（參見左頁圖 b）。

其實，兩種水路的接法各有缺點。在第一種接法中，泵浦開啟時，魚槽中的水是從植床底部由下往上流；泵浦關閉時，植床中的水會再由上往下流。這樣的水路設計會把從魚槽送至植床的固態廢物，再從同一條路送回魚槽中，而難以完全地把魚槽中產生的固態廢物透過介質移除乾淨。此外，也是因為水的進出都在同一個地方的關係，固態廢物容易沉積在同樣的地方而不移動，降低其被分解的效率。而第二種水路的接法，水從植床往上往下流，可以帶來充足的溶氧，也能有效地阻擋固態廢物再回到魚槽。但是，因為設計上必須把植床底部的出水孔口維持在孔徑較小的情況下，加上底部就是固態廢物沉積的主要場所，因此，該出水孔容易發生阻塞的狀況。無論是哪一種水路的設計，平時都要注意固態廢物的沉積，避免阻塞發生。

自主虹吸裝置。與前者不同，在植床上使用自主虹吸裝置，系統的泵浦是連續運轉的。自主虹吸裝置的運作，其實就是利用物理學上的連通管原理。亦即在一個開放的空間中，將液體注入底部相連的不同容器（連通管）中，液體會由高處往低處流，而因為每個容器口所承受到的大氣壓力都相等，因此當液面靜止時，各容器

鐘形虹吸裝置構造示意圖

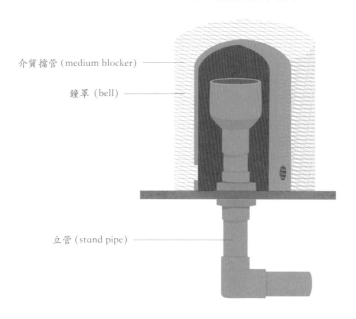

介質擋管（medium blocker）

鐘罩（bell）

立管（stand pipe）

方向流動，使得最後靜止時兩個容器中的液面是等高的為止。可是，如果ㄇ形連通管本身的兩邊不同高，且短管這一邊的開口高於長管這一邊的開口處，則會因為長管內的液重較重，同時短管這一邊容器液體壓回管內的壓力（大氣壓力減去管內的水壓）較大，使得水流從短管那一邊被壓向長管的那一邊，這就是虹吸現象。

虹吸現象被廣泛應用在魚菜共生系統中，例如多個魚槽或多個深水式栽培槽之間的串連。此外，它在植床式的水耕栽培方式中也常被應用來製造植床內的淹排。由於不需依賴另外的電源動力，因此才會被稱為「自主」。常用於魚菜共生系統中植床淹排的自主虹吸裝置有兩種，分別為「鐘形虹吸」（bell siphon）與「外部虹吸」（external siphon）。兩者虹吸裝置都可以透過自行挖孔與接管來DIY。此外，目前也有一些廠商有提供特定尺寸的鐘形虹吸裝置給不想自己做的人選購。

鐘形虹吸是常被使用的植床淹排方式。一個鐘形虹吸裝置包含三個部分——立管（stand pipe）、鐘罩（bell）與介質擋管（medium

的液面必定會在同一個平面上，與容器本身的形狀、長度、粗細等無關。依照同樣的原理，如果把兩邊等長的連通管裡裝滿了液體後並上下倒過來呈「ㄇ」字形，兩邊各自放入一個置於同一個平面上且也裝了液體的獨立容器中。此時，就算一開始兩個容器中液面高度不同，但也會因為承受的大氣壓力相同而讓液體在連通管中由液面較高的容器中往液面較低者的

(a)　　　　　　　　　(b)　　　　　　　　　(c)

自製鐘形虹吸裝置中的 (a) 立管與 (b) 鐘罩。(c) 為兩者組合之後的外觀。

blocker）。立管是一個接於植槽底部排水孔的管子。往上，它接了一個頂端開口較大、俗稱「喇叭口」的轉接頭；往下，它則將管路帶離槽體，開口處低於槽底。裝設時，會在立管外罩上一個頂部密封的鐘罩。鐘罩的寬度和高度都略大於立管，且在底部鑽出數個小孔。介質擋管則是比鐘罩更寬的管狀構造，側面同樣事先鑽出足夠讓水能自由流通、但介質無法通過的孔。運作時，來自魚槽或集水槽的水逐漸進入植床，使得槽內水量增加，同時水會透過鐘罩底部的小孔進入內部，使水位逐漸升高。當鐘罩內的水位上升至立管喇叭口的開口端，罩內的水會進入喇叭口，並經由立管溢流排水，同時喇叭口處的空氣也被擠壓而發出聲音。此時，如果進入鐘罩的水量大於溢流而出的水量時，則會把鐘罩的空氣強迫壓入立管內，使得喇叭口附近呈現真空狀態，進而也引發虹吸現象，把後方的水體一併快速而大量地吸入喇叭口和立管內。是故，植床內的水量就會下降，直到空氣吸入虹吸系統中，停止虹吸現象。通常，只要槽內水位被吸至與鐘罩底部小孔相同高度時，空氣進入喇叭口和立管後就會停止虹吸。不過，也有人會在原本密閉的鐘罩頂部加裝一根呼吸管，管子的另一端固定於鐘罩與介質擋管之間的空間中，其開口的高度就是虹吸會停止的水位高度。鐘形虹吸因為裝置在植床內，不需要額外槽外空間，因此是許多魚菜共生系統設計施作者的選擇。不過，不可諱言

地，它在設置的初期卻容易發生一些虹吸作用啟動失效或運作不穩定的問題，例如只溢流不虹吸，尤其是 DIY 者。歸究就原因，在於鐘罩內形成「入水量等於出水量」的平衡狀態，即進入鐘罩的水，只透過溢流就足以宣洩，無法造成擠壓空氣、形成真空、引發虹吸的連續作用。因此，通常在鐘形虹吸裝置裝設好之後，需要一段試運轉的時間，並依實際狀況適當調整鐘罩的進出水速度、立管與鐘罩的相對高度、下方排水的速度等來達到虹吸的正常運作。此外，鐘罩底部的小孔、立管與喇叭口管壁等，也會因為運作一段時間之後，開始附著生物膜，進而影響水流的順暢度與虹吸的運作，因此在日常管理時，虹吸裝置也是維護的重點之一。

相較於鐘形虹吸，外部虹吸所製造的虹吸現象穩定而不易失敗，因此也是常被使用的植床淹排方式。顧名思義，外部虹吸的虹吸構造是置於槽體之外，而非如鐘形虹吸般設置在槽內。外部虹吸的管路設計為：在植床槽底先挖一個排水孔，並在孔外放置阻擋介質的擋管或隔網；接著，從排水孔往下接出一小段水管，並搭配 L 形管，讓管路沿著槽底外側延伸至槽體外，最後再將水管往上接成一個ㄇ字形。ㄇ字最上邊的高度，就是開始啟動虹吸的槽內水高，因此其高度要高於槽底的排水口，但低於槽體最上緣。換句話說，也就是在淹排的過程中，要讓槽內的最高水位能夠淹至介質床表面底下 5 公分左右

於植床內裝置完成的鐘形吸虹裝置。

（也就是前面所說的半乾溼區）。因為管路的接法也像倒過來的英文字母「U」，因此也被稱為「U型虹吸」（U siphon）；或者，亦有人將這一段改成用軟水管彎折成一個迴圈，因此也有人稱為「迴圈虹吸」（loop siphon）。無論是用硬水管接成ㄇ（U）形，或是用軟水管彎成迴圈形，原理都一樣，且遠離槽體的另一邊通常會較長，讓其末端開口是低於槽體排水孔的高度，並接入下游的槽體。開始運作時，來自魚槽或集水槽的水逐漸進入植床，使得槽內水量增加。因為連通管的原理，槽內水位的增高，同時會讓ㄇ形管靠近槽體的這一邊管內水位逐漸上升，並壓縮ㄇ形管內靠近頂端的空氣。等到水位上升到ㄇ字最上邊的高度時，其內壓力達到最大，空氣被壓縮，並被擠往ㄇ形管另一邊，同時就會產生虹吸作用，開始把後方水也大量帶入ㄇ形管內。由於槽內水體被快速地大量帶往ㄇ形管，因此槽水的水位就會下降，直到有空氣進入ㄇ形管中，虹吸被破壞為止。同樣地，通常只要槽內水位被吸至與槽底排水孔相同高度時，空氣進入ㄇ形管後就會停止虹吸，但也有人會在ㄇ形管頂部加裝一根呼吸管，另一端垂入植槽內，其開口的高度就是虹吸會停止的水位高度。外部虹吸裝置管路的外觀形態和運作的方式，跟一般在五金行賣的虹吸管幾乎一模一樣。外部虹吸的唯一缺點，那就是其虹吸的管路必須設置在栽培槽外，會增加系統所需的空間與管路的複雜

度。除此之外，它的穩定度較高，也比鐘形虹吸更容易運作成功。

② 恆流式

在植床式水耕栽培的魚菜共生系統中，植床的出水也可以是恆流式。恆流式出水的植床，管路設置簡單，僅需設置一個孔徑夠大的溢流用排水管。剛開始運作時，來自魚槽的水不斷地流入植床裡，讓水位持續升高至水位高度略超過溢流管口之後，水就會順勢從溢流管流出。此後，除非植床有漏水的意外，否則其內的水位就會一直保持在恆定高度。使用恆流式植床時要特別注意，植床的溢流排水管的管徑一定要比入水管大，才不會讓進入植床的水因為來不及宣洩而滿出植床。

採用恆流式植床，只要溢流管的高度適當，使管口位置略低於最上面介質的高度，理論上一樣能在植床中製造出分層。最上面的一層，即介質的最頂部往下至溢流管口之間的範圍，因為不會接觸到水，是為全乾區。因為水位為恆定高度，所以溢流管口以下的介質是全部泡在水中的。只要來自魚槽的水溶氧充足且流速夠強，此區介質的環境中仍然會有活水與氧氣的存在，能讓硝化細菌等生物在此區中生存。因為植床內的水是從溢流管上方的孔流出，故愈靠近植床底部的水流會愈小，甚至幾近停止。因此，植床的底部也是固態廢物沉積的主要場所。只有植床內的介質分層清楚，各層的生物與微生態系建立完

成，才能讓魚菜共生系統運作順暢。但是，若採用恆流式植床但又沒有設法調整水流流速和提高溶氧的話，反而會使得整個植床中泡水的區域都呈現溶氧不足的狀態，進而使得系統的硝化作用受阻，作物根系缺氧而腐爛。這就是恆流式植床較為人垢病而往往不建議採用的原因。

不過澳洲學者 Wilson A. Lennard 與 Brian V. Leonard 在 2004 年曾進行一項研究，比較使用淹排式植床的魚菜共生系統以及使用恆流式植床的系統兩者之魚（墨瑞鱈 *Maccullochella peelii peelii*）和菜（綠橡木萵苣 *Lactuca sativa*）生長的情形。他們發現，在兩種植床型的魚菜共生系統中，魚的飼料轉換率與長肉率沒有明顯的差別（見下表）。然而，系統若是採用恆流式植床，只要水中溶氧提供足夠，則菜的成長率與產量都明顯比使用淹排式植床者來得高。兩位學者認為，相較於生長在淹排式植床的植物，生長在恆流式植床者的根系與水體有較長的接觸時間，因此可以吸收更多的養分。再加上植床的水流恆定，環境水質也穩定，植物的生長更為良好且產量大。是故，只要能夠讓植床內的環境溶氧充足（不低於 5 mg/L），在魚菜共生系統中採用恆流式植床也是值得一試的。

在植床水體採淹排式或恆流式的魚菜（莫瑞鱈／萵苣）共生系統中，魚隻的生長、萵苣的產量以及水中養分濃度在系統運作 21 天之後的差異（根據 Lennard & Leonard〔2004〕的研究成果重製）

項目		淹排式	恆流式
魚	重量（溼重）（g）	173.3 ± 15.3	210.0 ± 17.3
	特別生長率（%/day）	0.78 ± 0.04	0.92 ± 0.05
	食物轉換率	1.25 ± 0.06	0.92 ± 0.05
	飼料餵食量（g）	215.0	215.0
萵苣	收成量（g）	2269.0 ± 23.7	2599.6 ± 11.9 [*]
	每株作物產量（g/plant）	113.45 ± 5.31	129.98 ± 2.65 [*]
	每平方公尺產量（g/m2）	4.34 ± 0.20	4.97 ± 0.10 [*]
養分	磷酸鹽（mg/L）	4.04 ± 0.39	3.87 ± 0.71
	硝酸鹽（mg/L）	13.30 ± 2.05	11.80 ± 1.78

（註）＊表示該數據比淹排式者還大，且其顯著性已達統計學上的意義（$p < 0.05$）

第 6 章

以「深水式」（DWC）水耕栽培方式為基礎的魚菜共生系統

何謂深水式水耕栽培

　　深水式的水耕栽培方法（以下簡稱 DWC），是讓植物的莖葉部分懸浮於水面上，僅讓根系直接裸露於養液中。DWC 常會合併使用聚苯乙烯（polystyrene；PS）材質的高密度保麗龍板與栽培網盆等材料來讓作物莖葉浮於水上，並支持作物的重量。是故，DWC 也被稱為「浮筏式」（floating raft）水耕栽培。不過，畢竟作物的根系是懸浮在水裡，因此使用 DWC 來種植株體較高或較大的作物時，可能會需要使用額外的輔助延伸管來提高其穩固性。因其支持性較差的關係，適合的作物種類在植株重量與高度上就多了些限制。DWC 不需在作物槽裡填充大量的介質，少了

重量也少了花費。因此，DWC 較適合使用在大規模作物生產如沙拉葉菜類、香草類。著名而被視為典範的「UVI 魚菜共生系統」，採用的水耕栽培方式就是 DWC。

作物的育苗與種植

　　採用 DWC 時，通常是將作物置於栽培網盆裡，再將網盆一一插入已事先挖好孔洞、浮在作物槽水面上的高密度保麗龍板中，讓莖葉不會接觸到水，根系則直接裸露浸泡在水裡。由於種子無法在 DWC 系統中採直接撒播，必須事先在他處進行育苗。

　　作物的育苗，可以在土壤介質中進行，也可以直接在栽培棉上進行（參見 p.119）。當確定作物已具有穩

深水式水耕栽培法是讓作物根系直接裸露浸泡在養液之中。

深水式栽培法常使用高密度保麗龍板讓植株的莖葉部維持在水面之上。

深水式水耕栽培法特別適合用來大規模生產葉菜類作物。

01 採用深水式栽培法時，植株必須先進行育苗。 02 待苗株長出三至四片本葉後，即可開始移入系統中。 03 若為配合浮板上孔洞，可將苗株置於網盆內，並小心將根系拉出。 04 種植萵苣的深水式栽培槽。圖中下層為初移入之苗株；上層則為前一週移入之苗株。

定的根系與至少三至四片的新葉後，即可將苗株移入 DWC 系統中。若是以栽培棉育苗者，可以將株苗連同栽培棉一起置於網盆中。而若是在土壤介質中育成的苗，則需先以乾淨的清水小心地沖洗掉根系上的土壤介質，以免土壤成分影響水質，並注意清洗過程中不要傷及植株根系。之後，再將株苗移入網盆中，並極為小心地將其根系由底下的網孔輕拉出盆外，讓其露出盆外，以利之後浸於水中。最後，在盆中填充非土壤介質以固定植株，並一同插入保麗龍板上的孔洞。板上孔洞大小要視網盆的尺寸來決定，但需把握網盆插入孔之後，盆身能穩固不會搖動的原則，並僅讓根系接觸水體。

DWC 的純水耕系統通常會搭配水體的循環，使養液水體產生循環與流動。就算採用的是水體不循環的「靜水式 DWC」，也一定要使用打氣機打氣，否則作物根系容易因為缺氧而腐爛。水流的流動不僅帶來溶氧，也增加根系在水中接觸更多營養元素的機會，被普遍認為有助於作物的生長。不過，夏威夷大學的 B.A. Kratky 提出了一系列讓作物（萵苣類）在無循環、無打氣的環境下還能優良生長的方法，被稱為「克拉奇法」（Kratky's method）。克拉奇法的細節在此不作冗述，但其重點之一，即是讓浮板和養液水面之間保留 3～4 公分的空氣層，並僅讓作物根系的末端浸在養液中。位於空氣層裡的根系區段，雖然

採用深水式栽培法時，槽中水體通常會加強打氣來增加水中溶氧。

坊間的水耕觀賞植物產品。請注意其根系基部都留有數公分的空氣層。

沒有完全浸泡在養液中，但仍因為有較高的溼氣而不至於乾掉，同時又能接觸到足夠的空氣（氧氣），使得根系不會缺氧*。事實上，近年在坊間也出現有以類似概念將養液裝在密閉瓶中種植水耕觀賞植物的商品。

在魚菜共生系統中使用 DWC 方式來進行作物栽培，因為水流必須要在不同槽體移動，因此水體本就有循環流動。不過，魚隻會消耗氧氣，硝化細菌進行硝化作用也會消耗氧氣，加上 DWC 系統的栽培槽的表面往往被浮板所覆蓋，空氣中的氧甚難直接由栽培槽的水面進入。因此，系統中水體的溶氧量的確是堪慮的。此時，不僅需設法增加水中溶氧之外，在魚菜共生系統的 DWC 中加入克拉奇法的概念，則對作物的生長更有正面的幫助。

最後，在魚菜共生系統中的 DWC 菜槽水體中常會有蚊蟲孳生的情形。要防止蚊蟲在 DWC 栽培槽中孳生，可以在槽中飼養少量能有效控

採用深水式栽培法的魚菜系統中，必須要設置獨立的過濾槽體。

因卡滿汙物而發黑腐爛的根系。

制蚊蟲，又不會啃食作物根系的小型觀賞魚。

系統設計

過濾系統

在魚菜共生系統中若採用 DWC 來進行作物栽培，則無法如採用植床式般直接透過植床上滿滿的介質來進行水質的過濾作用。然而，若使用 DWC 又不設置水質過濾單元的話，作物濃密的根系會攔下大量的固態有機廢物，最終導致植株根系缺氧而爛根。於是，若魚菜共生系統採用的是 DWC，則來自魚槽的水體在進入作物栽培槽之前一定要先行過濾。魚菜共生系統中過濾水質的方式可粗略分為將固態廢物攔劫下來的物理性過濾，以及將毒性較高的含氮廢物轉換成毒性較低且植物可吸收利用之形式的生物性過濾兩步驟（參見 p.28）。通常，採用 DWC 法的魚菜共生系統會建議使用獨立的過濾系統，尤其是

採用深水式水耕栽培法的魚菜共生系統設計——泵浦置於魚槽中

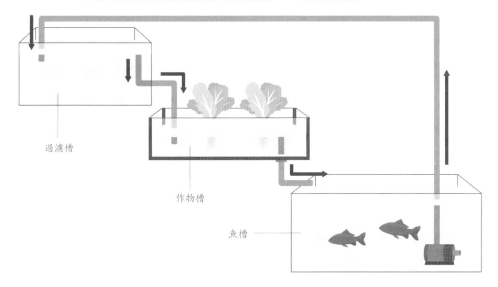

過濾槽

作物槽

魚槽

去除固態廢物的物理性過濾槽。至於生物性過濾，若預算與空間允許，可以也設置一獨立的生物性過濾槽來進行，但也可以僅靠附著在槽體水管的內壁、濾網（棉或篩）、甚至是作物的濃密根系表面上的硝化細菌來進行。

槽體配置與水流動向

若魚菜共生系統是採用 DWC 式，那麼在設計上至少會使用三個獨立槽體——魚槽、作物栽培槽與過濾槽。此外，如果要讓魚槽水位恆定，那麼系統一定要設置集水槽，且魚槽裡的排水口要加裝溢流水管。泵浦可選擇裝設在魚槽或集水槽中，但兩者的槽體配置與水路動向上稍有不同。最後謹記，在魚菜共生系統裡使用 DWC 配置時，僅有過濾完成的水始能被導入栽培槽體裡。為了維持作物

栽培槽中的恆定水位（通常約 10～30 公分左右），其排水口亦需加裝高度適當的溢流水管。綜合以上幾點，採用 DWC 之魚菜共生系統典型設計有以下幾種：

① 泵浦在魚槽中

最簡單的 DWC 型魚菜共生系統設計，就是僅使用三個槽，並讓泵浦置於魚槽中。在此種設計中，水路的流向從位於魚槽中的泵浦開始，依序是魚槽→過濾槽→栽培槽→魚槽。這三個槽體的相對高度上，魚槽與泵浦必須置於最低的位置，將水往上打至最高的過濾槽中，栽培槽則在兩者之間。這種設計的 DWC 型魚菜共生系統，使用的槽體少，管路接線單純易懂。栽培槽內的水位是恆定的，但魚槽水位則否，故容易在水分蒸發並補水的過程中驚嚇到魚隻。

來自魚槽的水透過管路，經過過濾單元進到作物槽中。

溢流管的設置是維持槽中水位恆定的關鍵。

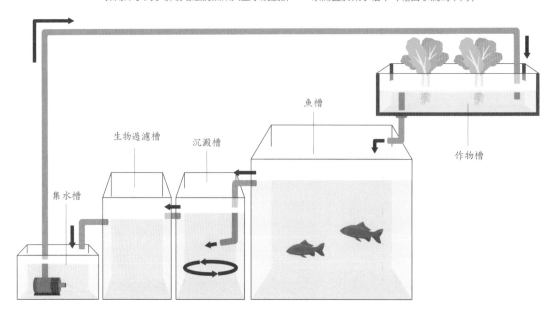

採用深水式水耕栽培法的魚菜共生系統設計——泵浦置於集水槽中（輸出水流為單向）

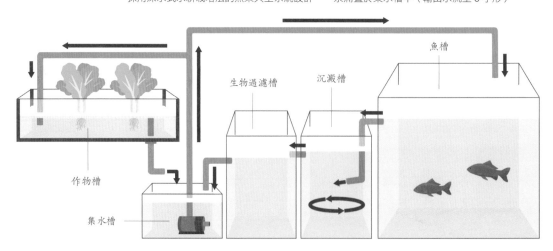

採用深水式水耕栽培法的魚菜共生系統設計——泵浦置於集水槽中（輸出水流呈 8 字形）

② 泵浦置於集水槽：單向型

　　在此系統設計中，水路的流向從位於集水槽中的泵浦出發，依序是集水槽→栽培槽→魚槽→過濾槽→集水槽。換言之，在相對高度上，集水

槽中的泵浦位於系統中最低的位置，但其出水口必須接管將水導入相對位置最高的栽培槽中。從栽培槽溢流管中溢出的水，則隨著重力流至稍低的魚槽。由於已經設置集水槽了，只要

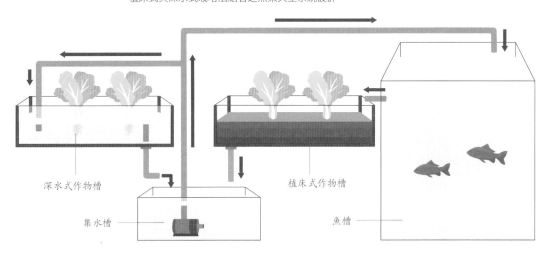

植床式與深水式栽培法結合之魚菜共生系統設計

深水式作物槽

集水槽

植床式作物槽

魚槽

進一步在魚槽的排水口再裝設溢流水管，即可讓魚槽的水位也維持恆高。最後，從魚槽中溢流而出的水會進入高度較低的過濾槽進行過濾，最後流回集水槽，並繼續循環。在這樣的系統設計中，魚槽和栽培槽裡都裝設有固定高度的溢流水管，因此水位都能維持在恆定的高度。系統中的栽培槽與魚槽的高度都要比過濾槽高，且栽培槽也要比魚槽高。

③ 泵浦置於集水槽：8 字型

與單向型設計不同，此設計是讓置於集水槽中的泵浦在將水打上來之後就一分為二，一部分的水流向魚槽，再從魚槽的溢流管流至過濾槽，爾後流回集水槽中；另一部分的水則流向作物栽培槽，並經由槽中的溢流管流回過濾槽與集水槽中。這就像以集水槽為中心，向魚槽畫一個圓，也向作物栽培槽畫一個圓，讓水流形成

像一個阿拉伯數字「8」的路徑，因此這樣的系統設計也被稱為「8字型」設計。泵浦出水口的兩個分水管上，最好各自增設調節閥來調整水流流量，以達到較佳的水流效果。8字型設計的好處是，栽培槽與魚槽之間孰高孰低並沒有一定，只要它們都比過濾槽稍高些即可。因此在系統的高度上彈性就較大。

④ 植床式與 DWC 式的結合

在魚菜共生系統中使用植床式的作物栽培法，可以僅靠植床上的介質就進行過濾水質的作用。反觀使用DWC 式者，就必須使用獨立的過濾槽。但如果兩者結合，植床式在前，DWC 在後，似乎就會是個幾近完美的搭配。要連接兩者，其實槽體和水路的配置設計很簡單，可以使用前面三種設計的任何一種，但將其中過濾槽的部分置換為植床即可。而植床的

國內廠商開發之植床式與 DWC 式結合的魚菜共生系統（2015 年 11 月攝於台北國際植物工廠設備資材暨產品展）。

槽體與出水設計，與前述植床式部分的內容相同，但需將出口導入 DWC 栽培槽中。相較於使用獨立過濾槽的 DWC，將植床式與 DWC 式結合能夠省去設置獨立過濾槽的必要，也不用思考其中物理性過濾與生物性過濾的設計與效能；此外，也因為多了植床，種植作物的栽培面積也增加了，能夠提升整體的作物生產量。

栽培槽的出水

DWC 的栽培槽中需要深度 10 ～ 30 公分左右的穩定水體，因此栽培槽中必須要裝設高度適當的溢流水管，以維持槽內水位的恆高。

靜水式觀賞型魚菜共生系統

採用 DWC 的魚菜共生系統，除了前述較為典型的設計之外，只要把握原理，其實還可以有一些不同的玩法。例如針對空間需求較小、適合放在桌上作觀賞用的小型系統。

靜水式的魚菜共生，亦即在一個適當大小的容器中裝水與飼養魚隻之後，使用浮板，或在容器上方加蓋，讓植株種植於其上，並讓根系裸露懸掛在水裡。這能夠在小型的容器，如水族箱、金魚缸，甚至是保特瓶等上進行。在靜水式的小型系統，水流不循環，也不設置獨立的過濾系統，因此魚隻的數量並不適合太多，以免水中溶氧太低，或是水質敗壞。以每 1 公升的水量，約飼養 1 ～ 2 隻體型約 4 ～ 5 公分大小、不會啃咬作物根系的魚隻即可。為了增加水中硝化

細菌能夠附著的表面積，可以在容器底部鋪上一層薄薄的碎石或矽砂。在這種系統中，種植的植物可以選擇水下根發展容易、需肥量較低的植物，例如某些觀葉植物（如黃金葛、蔓綠絨等）、香草類植物等。但讓植物可以良好生長的成功關鍵在於，要採用前面提過的克拉奇法，亦即讓根系基部附近留一段約 3 ～ 4 公分左右的空氣層。由於魚隻的密度低，因此餵食也不宜過多，容器中存在的微生物量應該已經足夠處理牠們所排出來的糞尿。原則上，容器中的水不需要太常換，需累積養分給植物使用。等到固態廢物累積太多時，再部分換水即可。通常，這樣的靜水式系統總水量不大，約 1 至數公升左右而已，占用的空間小，也不需耗電，但在魚種和作物的選擇性上就較為限制，建立的目的多以觀賞性與趣味性為主。

以深水式栽培法為原理，同樣可以利用小容器建構一個小型的靜水式觀賞型魚菜共生系統。

搭配水族館可以購得到的小型氣舉式過濾器所建構之觀賞型魚菜共生系統。

如果，空間夠大而足夠讓系統總水量達約 5～10 公升左右的話，那麼，可以試試把容器的尺寸稍微放大一些，用一個長度為 30 公分或更大的水族箱當魚槽，並且加裝一個在水族館裡很容易買得到的小型過濾器來提升物理性與生物性過濾作用之效能。最後，在水族箱的上方再以浮板的方式種植植物。如此，便可以把魚隻的飼養密度提高，甚至也可能多達前文所述完全靜水式的 2～3 倍（每公升水約飼養 3～5 隻體型約 5 公分的魚隻）。魚一多，排泄物量自然也會增加，但因為有效能完善的過濾器在運作，因此水中所含的養分濃度提升，水質也能獲得淨化。透過這種方式，雖然可以種植植物的面積不大，頂多一、兩棵，但種類的選項上就多了些，甚至包括能食用的葉菜類作物都沒問題。

※ 資料來源：Kratky, 2009，參見 p.132。

第 7 章
以「養液薄膜法」（NFT）水耕栽培方式為基礎的魚菜共生系統

何謂養液薄膜法水耕栽培

水耕栽培裡的養液薄膜法（以下簡稱 NFT）與 DWC 有一個共同點，即兩者都需設法把作物懸空，僅讓植株的根系接觸養液。而 NFT 與 DWC 最大的不同，則是養液的高度與作物根系浸入的程度。在 DWC 中，養液的高度（深度）較高，約 10 ～ 30 公分，作物根系幾乎大部分區段都浸入養液之中。而 NFT 液面的高度只約 1 ～ 3 公分左右，作物的根系只有末端會接觸到養液。NFT 的槽體可以是平面式的，但最常使用的則是管道狀的栽培管。實際操作上，會

先將管徑足夠的管道水平放置，並在管上整齊挖出一個個的孔洞，作物則一盆一盆地插進這些孔洞，讓根系垂入管內。在管內，養液順著這些管道流動，液面維持薄薄的一層。NFT 栽培法吸引人的地方在於，它具備了一些前兩者無法取代的優點。首先，因為管內養液不斷流動且液面呈薄膜狀，空氣中的氧氣能輕易地溶入養液之中。再者，根系只有末端接觸到養液，其靠近基部的區段是裸露在空氣中，因此無發生根系缺氧的疑慮而有利於植物生長。此外，系統本身在空間上的運用更具彈性。這些栽培管除了可以一根一根地置於同一個平面，

利用養液薄膜法進行觀賞植物的水耕栽培。

養液薄膜法即是讓作物的根系直接接觸高度僅約 1 ～ 3 公分的養液來進行栽培。

養液薄膜法所使用的栽培管上已經挖好固定的孔洞。

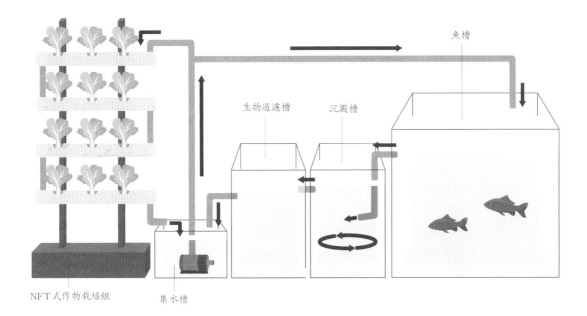

採用養液薄膜法進行水耕栽培的魚菜共生系統設計

魚槽

生物過濾槽　　沉澱槽

NFT 式作物栽培組　　集水槽

還能以垂直方向或略帶有斜度地排列，並降低系統所占之平面空間。為了讓管內養液流動順暢，長柱狀或圓管狀的栽培管本身會稍微傾斜（傾斜度約每 1 公尺往下降 1 公分）。運作 NFT 時要注意，如果作物在栽培管上生長良好，根系會愈漸濃密。若栽培管的管徑太小，則濃密的根系反而會造成栽培管堵塞，影響管內養液的流動。

作物的育苗與種植

　　與 DWC 相似，採用 NFT 時通常是將作物置於栽培網盆裡，再將網盆插入栽培管上已事先挖好的孔洞中。栽培管外的莖葉不會接觸到水體，但懸浮於管內的根系末端則能直接與薄膜狀的水體接觸。欲栽培在 NFT 栽培管中的作物，需事先在他處進行育苗（參見 p.119）。

系統設計

過濾系統

　　與 DWC 一樣，在魚菜共生系統中採用 NFT，來自魚槽的水在進入栽培管之前，一定要先行過濾。採用 NFT 時所需的過濾系統，與前面 DWC 中所提及的相同（參見 p.62）。

槽體配置與水流動向

　　大致上，採用 NFT 的魚菜共生系統在槽體配置和水流動向的設計上與 DWC 相同。有設置集水槽時，泵浦放置於集水槽中；若不設置集水

槽，泵浦則置於魚槽中。無論系統中是否有集水槽，一定都要設置過濾水質的獨立槽體（參見 p.25），且必須設於水流進入 NFT 栽培管之前。系統設計的細節可以參考前面 DWC 中所提。唯一要注意的是，採用 NFT 法時，栽培管的排列方式可以呈水平方向排列，亦可排列成垂直面或略帶斜度。栽培管內的水在注入第一根管子的入水口之後，後續水流在所有栽培管中的流動都是順著重力的原理。因此，不同的栽培管排列法，會決定整個系統的最高高度，以及各槽間的相對高度。若栽培管採用水平方向排列，則整座栽培管組的位置可低於其上游槽體的出水口（如過濾槽），讓該槽的水流藉由溢流的方式進入栽培管。如果栽培管是採垂直方向排列，則需將泵浦置於其上游槽體內，用泵浦將水往上打入最上面的那根栽培管

中。無論何種方式，最後（底下）一根栽培管的相對高度一定要比其下游的槽體（如魚槽）來得稍高，如此水才能順著重力流出栽培管，進入下一個槽體繼續循環。此外，如果魚菜共生系統是栽培管採垂直方向排列的 NFT 時，則系統的總高度通常會比採其他栽培方式者高出許多。因此，最初在選擇泵浦時就要把栽培管組的最高高度考慮進去，否則水會無法順利往上打至最高的栽培管中。

栽培管的出水

無論栽培管的排列是呈水平方向或垂直方向，最終的出水都是藉由重力，讓管內的水自然流出，並進入下一個槽體（可能是魚槽，也可能是其他槽，視各自系統的設計而不同）。因此，通常無須在栽培管內設置任何溢流水管或是自主虹吸裝置。

開始運作

把魚養好，是魚菜共生系統施作最基本但最重要的事之一。然而，許多人沒有足夠的養魚經驗，對魚種、習性與其適合的生長環境都不甚了解，這使得他們在魚種的安排與選擇、新魚引進的前處理、飼養環境的營造、日常的維護管理、疫病的預防治療等步驟上容易因為思慮與操作不周全而對魚造成莫大傷害。

魚類的外形

魚類是一種生活在水裡，具有鰓（gills）構造、變溫、以鰭運動的脊椎動物。魚類是地球上五大類脊椎動物中的一類（另外四類分別為兩生類、爬蟲類、鳥類與哺乳類），種類繁多，估計已超過三萬種，且該數字也正逐年增加中。從其棲地環境的性質來分，可進一步分為海水魚類、淡水魚類和生活於兩者交界處的河口魚類。有些魚類在其一生中，會隨著不同生長階段而移動至不同性質的水域，最著名的例子就是鮭魚。

魚類通常是以頭部在前方、尾部在後方、背在上方、腹在下方的姿勢活動在水中。魚類外形上可以觀察得到的特徵包括：眼睛（eyes）、口頜部（mouth and jaws）、鰓蓋（operculum）、鱗片（scales）、魚鰭（fins）、肛門（anus）與尿生殖孔（urogenital pore）等。

① 眼睛

絕大多數魚類具有一對眼睛，但其大小和位置，會隨著魚種不同而有差異。大部分魚類的眼睛沒有眼瞼，僅有少數魚類會有透明的瞬膜或是脂眼瞼。跟其他脊椎動物一樣，魚的眼睛在眼窩裡也會藉由小肌肉的控制而轉（移）動。魚類的眼睛除了可以感受光線之外，還能感受到不同波長光線的刺激（也就是感受顏色）。

② 口頜部

魚類的進食是透過口部將食物攝取進其體內，並根據其習性，發展出不同形態的口部，例如下頜長於上頜，讓嘴型呈現略往上揚的上位口；上下頜約略等長，嘴巴開口在魚隻前方正中央的端位口；以及上頜長於下頜，嘴巴口往下的下位口等。通常，口型為上位口的魚類的活動水層在上層水域中；口型為下位口者則多生活在下層水域或底質之上。有些魚類的

魚的外觀與構造

口頜部　眼睛　鱗片　背鰭　鰓蓋　胸鰭　腹鰭　肛門／尿生殖孔　臀鰭　尾鰭

口中有牙齒，有些則無。有些魚類的吻部有一到多對的鬚。對魚類而言，口頜部除了進食之外，也跟呼吸有關。鰓是魚類最主要的呼吸器官。呼吸作用進行時，水流會從魚的口部進入，再從鰓部排出，氣體交換作用就在這一吸一排的過程中進行。因此，如果魚的口部被塞住，會嚴重影響到呼吸。

③ 鰓蓋

魚類的鰓蓋位於眼睛後方，胸鰭之前，並覆蓋於鰓裂之上。鰓蓋由一至數片的硬質骨板構成，不僅提供保護魚鰓的功能，其不斷開闔的動作與口部互相搭配，是引導水流由口部流入鰓部讓魚隻進行呼吸作用的主要驅動力。

④ 鱗片

絕大部分魚類身上具有鱗片，一些鱗片極少甚或無鱗的魚，體表則會分泌具保護作用的厚重黏液。魚鱗是由皮膚表面衍生的硬薄片狀結構。

一般來說，魚類鱗片具有保護作用，再搭配上其體表分泌的黏液，可以減少魚隻直接受到掠食者、寄生蟲與病原菌等的侵襲以及機械性的傷害。

⑤ 魚鰭

魚類在水裡的運動與平衡全靠魚鰭。大部分魚類的鰭可以分為兩大類：（1）成對鰭（paired fins），包括胸鰭（pectoral fin）和腹鰭（pelvic fin）；與（2）不成對鰭（unpaired fins），包括背鰭（dorsal fin）、臀鰭（anal fin）與尾鰭（caudal fin）。鰭的數量和形態因魚而異。

⑥ 肛門與尿生殖孔

真骨魚類（teleosts；也就是一般常見的魚）的消化道開口為肛門，位於腹部後方，臀鰭之前。除此之外，其膀胱的開口會與生殖管（輸卵管與輸精管）開口會合於尿生殖腔（urogenital cavity），並一同開口於體外，此稱為尿生殖孔。尿生殖孔位於肛門與臀鰭基部之間。而如鯊魚等

非真骨魚類，其消化、排泄與生殖系統的開口會先在體內會合，一同進入泄殖腔（cloaca）再由其開口於外，因此這些魚類腹部後方的開口僅有一孔。

魚類的生理作用

成長

大部分魚類為體外授精的卵生動物，牠們的一生通常會經過「卵（egg）→ 仔魚（larvae）→ 稚魚（fry）→ 小魚（fingerling）→ 亞成魚（juvenile）→ 成魚（adult）」等各個成長的階段。繁殖時，成熟的雌魚會將魚卵釋出於水中，並與雄魚所釋出的精子結合而成受精卵。受精卵中的魚胚在發育完全之後，即會設法突破卵膜而孵化。初孵化的仔魚外形簡單，身上常帶有一個卵黃囊，提供其初期的養分。等到卵黃消化完畢之後，仔魚便會開口進食其他餌食並逐漸成長，且在外形上逐漸發育為與成魚相似。所謂的「成熟」，指的通常都是性成熟，亦即其體內性器官構造與功能均已發育完全，且魚隻個體也表現出相對應的外部形態（如雄魚的追星與鮮豔的體色等）與行為（例如求偶動作、占領地盤等）等。不同的魚類，在繁殖模式、產卵時間與地點、魚卵數量、魚卵孵化時間、仔魚成長速度等都不盡相同。

在水產養殖的產業鏈中，同一魚（蝦）種的繁殖場和純養殖場常是分開的。魚菜共生系統主要的訴求為「讓魚吃飼料、讓魚產生糞便、讓魚長肉」，養魚這個部分與於水產養殖中的純養殖相去不遠。換句話說，魚菜共生系統中的養魚，常是把魚從小魚（或亞成魚）養大至成魚；小魚可能自專業的繁殖場或水族商購得。有些繁殖較為容易的魚類，例如吳郭魚（別名台灣鯛、尼羅魚、紅尼羅魚等），也可以嘗試透過自行繁殖來獲得仔魚。對常見水產養殖魚（蝦）類的繁殖細節有興趣者，可自行參考相關書籍。

呼吸作用

大部分生物在進行生命活動時，需要消耗氧氣來將營養物質氧化並產生能量。在脊椎動物身上，氣體的交換（即氧氣進、二氧化碳出）會在特化的呼吸器官上進行。這些呼吸器官具有極大的表面積，並有豐富的微血管，可以大幅提高氣體交換的速度。大部分魚類主要的呼吸器官就是鰓，通常位於頭部後方，被鰓蓋所覆蓋保護。除此之外，尚有某些魚類發展出其他同樣可進行呼吸作用的器官或身體部位，像是皮膚（例如鰻魚）、迷鰓器官（例如俗稱鬥魚類的攀鱸）、口咽部（鱔魚）、腸（例如泥鰍）等。

魚鰓是由許多片狀的鰓瓣所構成，每個鰓瓣裡又有無數的鰓絲。這樣的結構使鰓部與水接觸的總表面積得以提高。而當水流流經鰓部組織時，組織內的微血管與外界的

水就會進行氣體交換，讓氧氣進入微血管中，並釋出二氧化碳於水中。魚類的呼吸頻率雖然是受神經所控制，並透過相關的肌肉執行，但環境狀況（水中溶氧與二氧化碳濃度高低，水中 pH 值的改變，水中鹽度的改變，以及水中溫度的變化等）也會影響魚類的呼吸。因此，飼養魚類時，維持水質和水溫的穩定以穩定其呼吸是必要的。

消化作用

　　動物在進行生理作用時，除了氧氣和水之外，還需要各種營養物質作為原料。營養物質通常來自於食物中的營養成分，例如蛋白質、碳水化合物、脂肪、維生素、礦物質等。前三者通常都是較複雜的有機物質，因此動物體在實際吸收利用它們之前，必須先經過消化作用，把這些原本複雜的有機物質變成結構簡單的小分子。魚類消化系統在形態和功能上與其他脊椎動物大致雷同，但會因各魚種的習性、食性與棲地等狀況而有些許差異。當食物被消化完之後，營養成分會被吸收。「腸」即是脊椎動物主要的吸收器官。

排泄作用

　　排泄就是將體內物質分解代謝後的產物，或是攝取過量而超過生物體本身所需量的物質，向體外輸送的過程。一般來說，脊椎動物的排泄途徑包括──由呼吸器官排出、混合成糞便由大腸排出、由皮膚排出，與由腎臟處理後以尿的形式排出。魚所產生的糞便為固態的有機廢物；尿液則為透明無色或黃色的液體。魚尿液的理化性質視魚種不同而有不同，但常含有許多氮化物（如尿素、氨、肌酸等）與多種無機鹽類。雖然魚類的主要泌尿器官一樣是腎臟，但其鰓部除了呼吸作用之外也同樣具有排泄尿素、氨、鹽分（特別是氯化鈉（sodium chloride；NaCl）與氯化鉀（potassium chloride；KCl）等）的功能，被視為與腎臟同工。

魚類的營養需求與餌料

蛋白質的消化吸收與營養意義

　　雖然有些魚的胃部已經可以開始消化食物中的蛋白質了，但蛋白質的主要消化場所仍然在腸中。在各種酵素的作用下，蛋白質會被分解成「多肽」，進而形成小分子肽類與胺基酸，最後在腸被吸收。被吸收後的胺基酸和小分子肽類接著會進入血液中，一部分透過循環系統分布至全身，供組織進行攝取利用，另一部分則進入肝臟中合成其他蛋白質。

　　蛋白質是生物體所需最重要的營養物質之一。它是生物組織結構的主要成分，被分解時可釋放能量供生物體利用，也扮演調節所有生理作用的角色（即酵素）。從魚類餌料營養的角度上來看，食物（餌

料）中的蛋白質含有大量的氮元素，是魚類所需氮的主要來源。平均來說，每 6.25 g 的蛋白質裡，包含了 1 g 的氮。蛋白質由胺基酸所組成，其中，精胺酸（arginine）、組胺酸（histidine）、異白胺酸（isoleucine）、白胺酸（leucine）、賴胺酸（lysine）、甲硫胺酸（methionine）、苯丙胺酸（phenylalanine）、蘇胺酸（threonine）、色胺酸（tryptophan）、纈胺酸（valine）等十種，是魚類的必需胺基酸。如果選用的魚飼料裡所含蛋白質的基本組成中，含有較多前述的魚類必需胺基酸，魚體能夠吸收並有效利用的就會愈多，則該飼料的營養價值相對就較高。

魚類對蛋白質的需求，會隨著魚類的成長階段而有所改變。一般來說，幼魚與正在長成階段中的個體，餌料中需要較多的蛋白質；而培育產卵前的種魚時，也需要提供較高量的蛋白質。此外，不同魚類對蛋白質的需求也不同。

脂質的消化吸收與營養意義

脂質，尤其是三酸甘油脂（脂肪），是動物體用來儲存高濃度能量的有機物質形式，它也是許多魚類食物的重要組成。食物中的脂質在腸內被消化之後，大部分會被分解成脂肪酸和甘油。其中，甘油易溶於水而可直接被腸微血管吸收；脂肪酸則需進一步被作用後，才能被吸收進入循環系統。脂質對魚類的重要性高，其營養意義包括：

- 是細胞膜的必要組成成分。
- 是體內儲存與供給能量的重要物質。
- 有助於脂溶性維生素的吸收。
- 必需的不飽和脂肪酸在魚隻生長上具有不可或缺的重要性。
- 能轉化成其他具重要生理功能的類固醇化合物。

碳水化合物的消化吸收與營養意義

腸中的酵素會把大分子的碳水化合物（或稱醣類）消化分解為小分子的單醣類。單醣（主要是葡萄糖）在消化道中被吸收後也會進入血液循環系統，一部分進入肝臟作為合成其他物質的原料，一部分則被帶至全身各處，供各組織器官使用。

醣類是大部分生物維持生命活動時所需的能量物質來源之一，也是構成身體組織細胞的組成成分。從餌料的角度來看，醣類也是時常會添加進魚類飼料的成分之一，尤其是澱粉。飼料中的澱粉（糊精）不僅增加飼料本身所帶的營養（能量），也有助於增加飼料的黏度，以便於成形與顆粒化。

其他營養成分

礦物質（無機鹽類）在生物體內滲透壓的調節、酵素的作用、組織（如骨）的合成、神經傳導、肌肉運動等都具有無可取代的重要性。魚體內的無機鹽來源有二——從外界（食物和水）中攝取，以及由體內物質氧化後產生。無機鹽也會被魚體透過腎

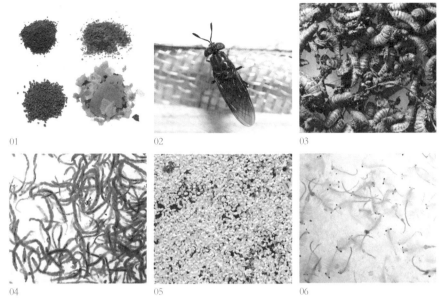

01 市售的魚飼料有各種不同形態與嗜口性，需視飼養的魚種來選擇適合者。 02 黑水虻成蟲。
03 黑水虻幼蟲。 04 紅蟲是可自水族館購得的生餌之一。 05 浮萍是許多魚菜共生玩家們會用來
餵飼魚隻的植物性活餌。 06 豐年蝦是一種小型節肢動物，易於水族館中購得。

臟、皮膚、鰓、糞便等管道排出，以
維持體內鹽類的平衡。

維生素則是維持生物正常生理
作用時，所必需的小分子有機化合
物之統稱。它們不是構成組織細胞的
成分，也無法提供能量，但卻廣泛分
布在體內，在維持正常生理機能、生
長、繁殖、抵抗疾病上都有參與。根
據其溶解性，維生素粗略分為「脂溶
性」和「水溶性」兩大類。但它們其
實種類繁多，結構不一。

魚類餌料

魚類餌料大致上可以分為兩大
類，一種是利用原料混合再製作並成
形的人工飼料，另一種類則是可透過
培養、捕撈或購買獲得、但大致上仍

維持原本形態的天然餌料。

魚類人工飼料的原料包含魚粉
等多種材料，前述蛋白質等重要營養
成分通常都會被包含在人工飼料中。
飼料製造商通常會依照不同養殖物的
需求，調配出不同營養成分比例的飼
料產品。因此，魚菜共生系統的施作
者，可以視飼養的魚種來向有信譽的
飼料商購買或諮詢。除了營養成分比
例之外，人工飼料的產品也會有不同
大小的顆粒、形式（粉狀、粒狀、片
狀等）與浮水性。這完全是針對魚隻
大小、口部大小與習性所設計的。當
飼養的是小魚時，投餵的飼料顆粒較
小；當飼養的是較大的魚時，飼料的
顆粒就需較大；當飼養的是底部活動
為主的魚類時，飼料宜選擇沉水性高

的;當飼養的是中上層水域活動者,則飼料就必須選浮水性的。值得注意的是,魚飼料的蛋白質和脂質含量高,一開封就容易酸敗腐化,壞掉的飼料不宜再拿來餵食魚隻。因此,無論是有無開封,飼料都宜存放在較暗處、溫度較低、少有干擾(例如鼠類、蟑螂偷吃)的地方,並儘早用畢。

有些魚菜共生系統施作者,除了人工飼料之外,還會餵食魚類「新鮮」的食物。這些食物,有的是刻意培養的昆蟲(如蠅類或黑水虻及其幼蟲、蟋蟀等)、浮萍等,也有的是把作物槽中較老而經濟食用價值較低的菜葉直接撕碎餵食魚隻。但這需要觀察魚隻的食性(習性),以確保牠們真的會進食。新鮮食物的取得不若人工飼料方便且容易,且魚隻對這些食物的吸收利用率也難以估計。因此,餵食多樣化的新鮮食物通常只是以「偶爾讓魚換換口味」為目的。

最後,餌料的提供要適量。一般來說,狀況良好而正常的魚,在餌料投入槽中之後半小時左右就能夠把食物吃完。不過,水質、水溫、疾病等,都會影響魚隻的索食。因此,在投餵餌料的同時,也需觀察魚隻進食的狀況,並依實際的狀況來決定繼續投餵或停止投餵。

新魚引進前的處理

當魚菜共生系統硬體都設立完成了,通常會先讓水循環運轉數日。在微生物系統啟始化之後,就可以準備把魚和作物引入系統之中。在此,我們來談談新魚的引進。

一般人常認為,在購入新魚後,下一步就是馬上打開塑膠袋把牠們全數倒進系統中的魚槽裡。其實,這麼做的風險是相當大的。首先來自於水族館或繁殖場的水中可能含有一些會造成魚病的病源(寄生蟲等)。甚至,剛購入的魚身上可能就已經生病了。如果在引進新魚的同時沒有想辦法把致病源和病魚去除或減少,則等同於把疾病也引進系統之中。此舉極有可能造成其他魚隻感染疾病,甚或死亡。再者,來自於水族館或繁殖場的魚,已長時間適應原本的水質,然而,該來源的水質極有可能與我們設立好的系統之水質不一樣。如果把新買的魚馬上移入系統中,則水質環境的驟變會讓牠們無法適應,輕則讓魚在初期降低活力與食慾,重則可能會讓魚隻休克死亡。

因此,在將新魚引進新的魚菜共生系統中之前,極建議進行對水和檢疫的步驟。對水,就是設法將魚隻所在塑膠袋中的原水水質緩慢地調整至與系統中的水質幾無差異,並讓魚隻逐漸適應系統中的水質。在對水之前,請確實檢測袋中與系統中的水質狀況,尤其是水溫和 pH 值,並了解兩方的差距。對水時,如果魚槽空間足夠,可以把新買的魚在開袋之前連袋子一起浸泡在魚槽水中約 15 至 30 分鐘,讓袋內與槽內的水溫可以逐漸一致。之後,再把袋口打開,緩慢少量多次地把槽中的水添進袋中,並同

新魚引進系統前,需進行對水適溫的步驟。

適溫之後,可打開塑膠袋口,將系統中的水少量多次緩慢倒入袋中。

時觀察魚隻的表現是否出現異常。在對水時，可以將氣泡石伸入袋中，並連結打氣泵浦進行打氣，以預防袋中的魚會在對水過程中窒息。等到袋中的水量約略是原本的兩倍（亦即加入的槽水量與原袋中水量相等）或以上，且魚隻並未出現行為異常的狀況時，即可將魚撈至系統的魚槽內。原袋中的水請整袋取出，不要再倒入系統中了，以免將水中可能的致病原帶入系統裡。對水的時間，視袋中與系統魚槽中的水質差異程度來決定。如果兩者相去不遠（pH 相差約 0.5 以內），則對水的動作可在半小時之內完成；如果兩者相去甚遠（pH 相差 1 或以上），則對水的動作需格外緩慢，甚至需要花費數小時的時間。如果魚槽空間不夠大，不足以將整袋新魚連水一起浸入，則需另外準備一個容器，並將新購入的魚連水一同先倒入該容器中，並使用風管搭配調節閥進行滴流，緩慢地將系統魚槽中的水引入其中，使魚可以慢慢適應系統的水質。

如果魚菜共生系統中已經飼養了一批魚，但又想引進一批新的魚進入同一系統的話，則在讓新魚移入系統之前，最好先對牠們進行檢疫。檢疫新魚時，通常需要一個獨立而與魚菜共生系統分離的容器（槽、魚缸）。為了日後移魚方便，可以直接使用與系統魚槽同樣水質的水體於檢疫槽中，並在對水之後將新魚飼養於檢疫槽裡四至八週。在檢疫槽中，可以設置獨立的水質過濾器來維護期間的水

質。檢疫期間可以餵食，但餵食量不宜過多。有些人會在檢疫期間，在水裡下一些魚病用藥或鹽，認為有預防之效。但切記，這些用藥絕對不可以流入最終的魚菜共生系統之中。如果隔離檢疫了之後，魚隻仍然健康而活力十足，外觀無任何病徵，就可以把新魚從檢疫槽中移入魚菜共生系統的魚槽裡了。

魚病

養魚時難免會遇到魚生病。魚病的細節並非本書的主題，有需要者可以自行參考市面上已出版的相關書籍。以下僅簡述魚病的基本概念。

看待魚病該有的態度

理論上，在魚類養殖系統中只要能夠滿足「良好的水生環境」、「健康的魚」與「沒有被病原感染」這三個條件，就不會有魚病的出現。但事實上，許多的病原是與魚共存在水域中的。不過，魚的身體並非弱不禁風，牠們體內具有可以對抗疾病的防禦系統，讓牠們免受病疾的纏身。既然如此，為什麼還會有魚病的發生？若追根究底，大部分魚隻發生的原因，都是因為魚類受到緊迫所造成，亦即牠們活得不開心、不舒服。緊迫可能來自於水質環境不良，可能是因為身體虛弱，或是食物營養不夠，也可能來自於魚跟魚之間的互動（鬥爭、追咬）。這些原因使得魚隻不舒服（緊迫），需要消耗更多身體的能

狀況良好而正常的魚，會在餌料投入槽內後就迅速且激烈地搶食，激起明顯水花。

受到緊迫的魚隻在外觀上會表現出身體虛弱，體色暗沉，各鰭緊縮，活力下降等現象。圖為常見的泰國鬥魚。

量去克服，相對就使魚隻無力對抗外來病原，容易生病。

在魚菜共生系統中，可能造成魚隻緊迫的原因以人為因素居多，例如水源選擇失當、放養魚隻密度過高、檢疫工作不確實、硬體設計不良、日常水質的管理維護不周，以及飼料的選擇、餵食量、存放不當等。在魚菜共生系統中，為了同時兼顧魚、菌與菜三者，直接使用藥物來進行系統中病魚的治療十分有難度。因此，設法降低與避免養殖環境中可能對魚造成的緊迫因子，讓魚活得快樂又舒服，以儘可能地預防魚病的發生，才是魚菜共生系統施作者看待魚病時該有的態度。

魚病的判斷

魚類的致病原因大致上可以分為：

- 生物性病原引起的疾病，如細菌、寄生蟲、病毒等所引起。
- 營養性疾病，如食物餌料的營養缺乏，不均，或是餌料品質不佳存放不當所造成的腐敗變質所引起。
- 水中有毒物質，如農藥等，所引起的疾病[*1]。

其中，在魚類養殖系統中，又以生物性病原所引起的疾病最為常見。

有時魚病的發生並非來自單一原因。例如最為常見的水黴病（即體表出現棉絮般的斑狀或塊狀構造的疾病）。水黴病的發生，通常是因為水黴菌（Saprolegnia）寄生在魚隻體表傷口的死亡組織上所造成。健康而體表無外傷的魚是不會受到水黴菌感染的。因此，水黴病真正的初級感染原因，是魚隻體表出現傷口；水黴菌再感染至傷口上，屬次級病症。通常，水黴病發生的部位（即魚隻有傷口的地方），除了水黴菌之外，還會有其他細菌或原生動物的出現與感染，這種出現兩至多種病原感染的狀況，稱為「併發症」。併發症的出現，常會使魚隻同時出現兩種以上的魚病，或擴大傷口而加重病情。是故，在面對次級病症與併發症時，除了要判斷究竟什麼才是初級感染原因之外，還要決定先處理哪一種疾病，才能在暫無危害魚隻生命之虞，繼續處理其他問題[*2]。

魚病的判斷，通常可經由魚體外觀、魚隻行為與顯微鏡檢查（鏡檢）等三方面著手。但對大部分養殖漁民

魚體或鰭上因受傷破損而出現的傷口，可能成為魚病感染的初級原因。

得了白點病的魚，身上與鰭上常有白色粒狀物寄生。

眼睛白濛微凸，體表帶有血斑的病魚。

與魚菜共生系統施作者而言，鏡檢處理與判斷的難度高，且顯微鏡設備相對昂貴，因此門檻較高。是故，從魚體外觀和魚隻行為來下手，是比較容易的。

　　一般而言，除了某些特殊習性的魚種之外，大部分正常而健康的魚類會有以下外觀行為表現[註3]：

- 各鰭延長未破損，擺動有力，鰭上無異物。
- 泳姿平穩優雅。
- 食慾良好，索食主動。
- 身體上無非原生性的紅、白或黑色塊狀或線狀斑紋，亦無任何滲血、突起、腫脹。
- 不會在底質上摩擦身體。
- 鰓蓋擺動規律，頻率不急不徐。
- 無浮頭（魚隻靠近水面且頭朝上，喪失活力），無沉底（魚隻沉在水底不動，甚至平躺）。
- 雙眼明亮有光澤。

　　如果魚隻生病，在外觀上，牠們通常會出現下列一至多個症狀[註4]：

- 爛鰭與爛尾。
- 皮膚出現白色或淡色斑。
- 皮膚渾濁變白。
- 皮膚出現紅斑，出血斑或潰瘍。
- 皮膚穿孔，凹洞，或瘡傷。
- 身體出現塊斑，斑點，或疣。
- 體表出現棉花狀物質。
- 有寄生蟲寄生在體表（如魚蝨）。
- 眼睛突出，白濁，或瞎眼。
- 魚體腫脹或消瘦。
- 體色異常。
- 畸形。

　　除此之外，生病的魚隻在行為上也會出現一些異常，像是呼吸困難、離群、躺在水底不動甚至假死、食慾不佳、佇留水面不動或浮頭、靜止不動、泳姿異常或迴旋、前後擺動幅度大或左右搖晃、摩擦體表、有進食但身體仍消瘦、縮鰭或縮尾、急欲跳出魚缸（槽）等。

　　導致魚病的致病原通常都是肉眼不容易觀察的微生物，例如細菌、真菌、病毒、原生動物等。如果沒有極為明顯而專一的病徵，要判斷病原為何必須透過鏡檢，甚至分子生物學的檢驗，這時就要仰賴專業的魚病研究或服務單位來進行。

魚菜共生系統中爆發魚病時的處理

　　有些魚病用藥對人類具有毒性，甚至已被政府列為絕對禁止使用的藥

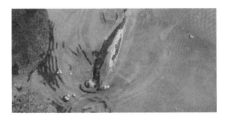

身體狀況不好的魚會離群，浮頭，靜止不動，與（或）食慾不佳而缺乏索餌意願。

身體狀況極差的魚，甚至會瀕死，斜躺在水底。

物。考量到魚菜共生系統的綠色、無毒、永續概念，更應完全杜絕這些藥物的使用。那麼，系統中的魚萬一生病了，又該怎麼處理？

首先，記錄出現病徵的魚隻個體數量與病徵，並每日觀察病魚數量是否有增加的趨勢。再來，準備一個配備有打氣設備的治療水槽，儘快把病魚撈出系統，移至治療水槽中進行處理。接著，依照病徵判斷疾病種類，並予以適當治療。若魚病的治療需要用到藥物，則無論是何種藥物，都絕對不能直接施於魚菜共生系統中，而是施用於另外準備的治療水槽裡。魚隻在治療過程中，通常不予以餵食或僅少量餵食，又藥物的使用可能會抑制微生物（包括硝化細菌）的生長，因此可以不設過濾設備。但治療期間，治療水槽中的水需視狀況適量換新。病魚徵狀與其相對應的魚病，及其治療方式與療程，請參考其他相關資料，在此不作贅述。病情改善甚至痊癒的魚隻，建議最好再以不

含藥物的清水飼養一至數週，讓其將可能存在於其體內的殘存藥物排出體外之後，再移回魚菜共生系統之中，以免殘存的魚病藥物流入系統之內。而最重要的是，必須同時思考為何會出現魚病。是水質不佳？是魚隻密度太高？是過濾系統效能降低？還是有其他的原因。找到原因，並把會造成魚隻緊迫與生病的因素儘可能降低或消除。

雖然魚病的種類繁多，但發生於體外（體表）者通常是由原生動物、細菌或真菌類的寄生現象所引起。這類的疾病是所有魚病中最常見，但也最容易處理，魚隻痊癒率也最高的。由於病原是細胞構造簡單的微生物，因此對外界環境的滲透壓變化較為敏感。利用這樣的特性，在治療處理出現這類魚病的魚隻時，我們可以藉由鹽來提高水中的滲透壓並殺死這些病原。當然，鹽是施用於病魚的治療水槽中，而非魚菜共生系統之中。治療時，把鹽溶入治療水槽中的水裡，

鯉魚（包含錦鯉）是魚菜共生系統中常飼養的魚類。

鱒魚在國外常是魚菜共生系統中的魚種選項之一，但並不適合臺灣平地的氣候。

將水調整至濃度 0.5 ～ 2 g/L（即鹽度 0.5 ～ 2 ppt），並讓魚泡在鹽水中進行治療。通常，許多的淡水魚類可以容忍如此鹽度的水，但微生物則不行，因此可藉此殺死魚體外的寄生物。通常，療程可從一至數天不等，視魚隻痊癒的狀況而定。使用的鹽，可以是食鹽，也可以是粗鹽。使用鹽來治療魚病的好處是，魚隻身體不會殘存任何化學藥物，治療水槽中含鹽分的水，用畢後也較好處理，少有環境汙染的問題。

適合魚菜共生的魚種

原則上，所有能夠被人為飼養的魚類都可以被飼養在魚菜共生系統中。不過，在同時考量到菌與菜的需求之後，飼養在魚菜共生系統的魚種最好選擇其最適 pH 範圍介於 6.0 ～ 7.0 之間者。大部分常見的淡水性食用魚與觀賞魚的最適 pH 範圍多能落在這樣的範圍之內。另外一個跟魚種選擇有關的水質因素，就是溫度。如果，魚菜共生系統設置的地點位於氣溫常在 20℃ 以上的地區，則宜選擇溫水魚（適合的溫度範圍 23 ～ 30℃）；若系統設置地點的氣溫常在 20℃ 以下，則宜選擇冷水魚（適合的溫度範圍 15 ～ 18℃）。最後，若是體健且能忍受高密度群養的魚種，則更適合魚菜共生這類高密度水產養殖系統。

既然很多魚類都可以被飼養在魚菜共生系統中，那麼接下來要思考的是養魚的目的性。在魚菜共生系統中，魚被當成是作物以外的另外一項產物。一般來說，魚菜共生系統養出來的魚，可以是食用魚，也可以是觀賞魚。因此，魚種的選擇可依據系統設立的需求與目的而定。如果養的是要供食用的魚，則可以選擇吳郭魚（tilapia）、鯰魚（catfish）、鱒魚（trout）、鯉魚（carp）、鱸魚（bass）、金目鱸（barramundi）、淡水鯧魚（pacu）、太陽魚（sunfish）、莫瑞鱈（murray cod）等。如果養的魚是為了觀賞，則可以選擇金魚（goldfish）、錦鯉（koi）、熱帶性觀賞魚（ornamental fish）等。根據 Love 等人（2014）的調查，在他們的調查對象中，最常被飼養在魚菜共生系統中的魚類前五名分別為吳郭魚、觀賞魚、鯰魚、鱸魚與藍鰓魚。吳郭魚，另有尼羅魚、羅非魚、福壽魚、南洋鯽、台灣鯛、潮鯛等多個名稱，是由莫三比克種（正式學名為 *Oreochromis mossambica*）、尼羅種（*O. nilotica*）、歐利亞種（*O. aurea*）等原產於非洲的慈鯛科（Cichlidae）魚類所逐步雜交改良而來。牠的飼養難度低，魚苗存活率高，成長速度快，養殖所需空間小，經濟效益高，是目前世界上最重要的淡水性養殖魚類之一，自然也成為魚菜共生施作者選擇魚類時的第一優先考量。普遍來說，較常被飼養於魚菜共生系統中的觀賞魚以飼養容易的錦鯉與金魚為多，但亦有人會飼養淡水鯧魚，也就是水族館中稱為「銀板」的魚類。視種類的不同，有些淡

把魚養好，是施作魚菜共生系統最基本也最重要的事之一。

水鯧魚（銀板）可以長至 60 ～ 100 公分，除了可作觀賞魚之外，在一些地方也被當作食用魚。鯰魚是生物分類學上屬於鯰形目（*Siluriformes*）的魚類。牠們沒有魚鱗且有明顯的鬚，有些種類的體型很大，具有食用價值。在國外，鯰魚類的魚類常被應用於魚菜共生系統之中；而國內目前在魚菜共生系統之中飼養鯰魚類的風氣較低，不過，近年有部分同好曾嘗試在系統中飼養江團魚（學名 *Leiocassis longirostris*）。鱸魚也是一個統稱，指的是分類上屬於鱸形目（*Perciformes*）的一些淡水性或海水性魚類。而可以飼養於魚菜共生系統中的鱸魚，通常以可適應淡水環境者為主。常見的魚種例如條紋鱸（*Morone saxatilis*）、加洲鱸（*Micropterus salmoides*；也稱為大口鱸）、金目鱸（*Lates calcarifer*）等。藍鰓魚（*Lepomis macrochirus*）是鱸形目棘臀魚科（*Centrarchidae*）裡一種原產於北美洲的魚類，體長可達約 20 ～ 30 公分。目前國內應無大量輸入或養殖的紀錄，僅偶爾會有少量魚隻以觀賞魚的名義進入到熱帶魚市場之中。

＊1 ～ 2 資料來源：陳秀男等，1989，參見 p.132。
＊3 ～ 4 資料來源：陳秀男等，1989；傑洛巴期利爾（Gerald Bassleer），2004，參見 p.132。

第 9 章
系統中的微生物

地球上廣泛分布了許多體型極小，小到讓我們的肉眼看不見或看不清楚的生命。這些微小的生命，統稱為「微生物」（microorganisms）。

在定義上，微生物通常指的是體型（直徑）小於 0.1 mm 的微小生物。常見的微生物，通常包括藻類（algae）、真菌類（fungi）、原生動物（protozoa）、細菌（bacteria，包含真細菌類〔eubacteria〕與古細菌類〔archaebacterial〕）與病毒類（virus）等。除此之外，部分體型極小的無脊椎動物也常被視為廣義的微生物，例如線蟲（nematodes）、輪蟲（rotifer）等。有別於其他生物，微生物通常具有幾個特性：

- 體型小，使得在每單位空間中，其身體的總表面積較其他生物還來得大。微生物本身與外界環境的接觸面大，自然也提升了其對外來物質的吸收。

- 若非由單一細胞，就是由少數細胞構成，每一個細胞都可以單獨生存。換句話說，大部分的微生物只要簡單的構造就可以維持生命。

- 微生物將由外界吸收進來的物質進行轉化、利用與排泄的能力和速度又大又快。

- 微生物強大的生理作用進行，加速了牠（它）們生長繁殖的速度。

- 因繁殖速度快，微生物的變異速度也快，對環境的適應力強。

魚菜共生系統要能夠正常地運作，絕對需要某些微生物的存在。而若系統的設計或人為管理不當，也可能誘發某些不利於系統運作的微生物出現，甚至會導致系統崩壞。若能夠對這些跟魚菜共生系統有關的微生物有基本概念與認識，知道如何營造出適合有益微生物繁衍的環境，並避免有害微生物的孳生，將有助於系統的順利啟動與長久運作。接下來將介紹會出現於魚菜共生系統之中，且其存在與否被認為會對系統之運作有影響（無論是正面或負面）的微生物。

細菌

礦質化作用、異營菌與氨化細菌

存在於魚菜共生系統中已不具生命的固態有機體，像是殘骸（魚屍、落水的作物枝葉）、排泄物（魚

糞）、未吃完的餌料等，在水中會被各種生物與微生物分解。原本較為大塊的有機體會被分解成小塊的有機體，大的有機分子被轉變成小的有機分子，最後形成無機物。這樣的過程統稱為礦質化（mineraliztion）、腐化（decomposition）、腐爛（decay）或消化（digestion）。參與有機物礦質化作用的微生物十分多，包括許多的細菌。這些細菌，常被稱為「消化細菌」（digesting bacteria）。因為它們是從外界有機物上獲得營養與能量來源，故也被稱為「異營菌」（heterotrophic bacteria）。

出現在魚菜共生系統中的有機廢物，以蛋白質（proteins）居多。蛋白質由胺基酸（amino acids）所構成，其主要的元素之一就是氮（nitrogen）。不具生命的蛋白質進入到環境後，會被微生物分解成胺基酸；而胺基酸與其他含氮的有機物質，也就是「有機氮」（organic nitrogen）如核酸（nucleic acid）、尿素（urea）等，則會被一群統稱為「氨化細菌」（ammonifying bacteria）的微生物進一步分解並產生氨（ammonia）。氨化作用（ammonification）即是專指此有機氮被微生物轉化成氨的過程，也屬於一種礦質化作用。參與有機氮氨化作用的細菌種類繁多且無所不在，因此在魚菜共生系統中，魚糞、魚尿、殘餌、魚屍等有機氮的分解氨化會自然發生，通常不需要特別營造。

除了有機氮，有機廢物中往往也還含有碳水化合物（carbonhydrates）、脂質（lipid）、維他命（vitamin）、礦物質（minerals）等。自然界中同樣存在有許多能夠將其中較大的有機質逐步分解成小分子有機質與無機質的異營菌。這些異營菌在魚菜共生系統中的存在時常被人低估甚至忽視，但其實它們極為重要，因為它們所進行的礦質化作用是能將植物所需的養分從魚糞等固態有機物中釋放出來的關鍵，其中包括許多微量元素。

對異營菌而言，固態有機物是它們的食物。因此在魚菜共生系統中，累積較多固態有機廢物的區域，通常就是它們聚集繁衍的地方。如果作物栽培系統採用的是植床式，異營菌會聚集在植床下半部固態有機物累積較多的區域；如果是深水式或養液薄膜法式的栽培系統，異營菌則會集中在獨立的過濾系統之中。異營菌需要大量的氧氣好讓它們進行需氧的礦質化作用。因此，除了要有足夠的有機廢物之外，異營菌要能夠順利在魚菜共生系統生長與作用，還需要較高的水中溶氧。

硝化細菌與硝化作用

在魚菜共生系統之中，菌是魚和菜兩者之間的主要連結，也是決定系統能否順利運作的重要關鍵，尤其是硝化細菌。氨化細菌會把魚糞等固態的有機氮，透過氨化作用，轉化成氨。而接棒的硝化細菌會把氨與其離子態銨（NH_4^+）轉化成亞硝酸鹽

（nitrite；NO_2^-），進而再轉化為硝酸鹽（nitrate；NO_3^-）。硝酸鹽是作物成長所需的營養來源，因此，在魚菜共生系統之中建立健全的硝化細菌群落是絕對必要的。在魚類養殖系統（包括魚菜共生系統）中從無到有地建立一個健全的硝化細菌群落需要一些時間，從數天到數星期不等，視環境狀況是否適合牠們生長繁衍而定。如果在硝化細菌群落建立之前，就急於在魚槽中置入大量的魚，牠們所產生的尿糞和氨將可能毒死自己；同樣地，若太早就將大量的作物移入菜槽之中，則它們也將因為養分未到位而枯黃甚至死亡。

硝化細菌普遍已存在於天然水體當中，因此可以完全不用擔心菌種的來源。若想要在新建立的魚菜共生系統中打造完善健全的硝化細菌群落，只要營造出適合它們生長的環境即可。適合硝化細菌生長的環境應具備以下條件——

儘可能有較大的表面積。硝化細菌雖然也會隨著水流到處飄流，但只有當它們固定附著在一個物體的表面上之後，才會開始透過不斷地增殖逐漸放大其群落。因此，在系統中有愈多的物體表面，則可以提供給硝化細菌附著的面積愈大。硝化細菌會附著在槽壁、水管壁、甚至作物根系表面。但為了增加其群落量，在養殖系統中還會放置表面積容積比大的物質，在一定的空間中提供更大的表面積給硝化細菌居住，此即為「生物性過濾濾材」（參見 p.28）。

適合的水質。每一種生物都有其最適合的生存環境狀況，硝化細菌也不例外。綜合過去的研究和經驗，最適合硝化細菌生存的環境水質包括：pH 值 6.5～8.5 之間；水溫 17～35℃之間；溶氧趨近飽和為佳，至少要大於 5 mg／L；生化需氧量（BOD）小於 20 mg／L；總硬度大或等於 100 mg $CaCO_3$／L[*1]。

避紫外線。硝化細菌對陽光中的紫外線很敏感，直接暴露甚至可能造成死亡。因此，用來培養硝化細菌的區域（即所謂的生物性過濾系統）要避免直接曝晒在太陽底下。若是使用介質床作為培養硝化細菌，則介質床上層的介質已可達到遮光的效果，讓硝化細菌附著生長在中下層的介質；若系統是使用深水式或養液薄膜法式（參見 p.60～71），而需設置獨立的過濾系統，則該過濾系統最好置於陰影處或設法遮蔽直射的光線。

一般而言，只要前述幾點能夠做到，並且耐心等待數天，通常不用擔心硝化細菌群落會培養不起來。不過，畢竟硝化細菌是肉眼看不見的微生物，要確定它們存在，必須從水中含氮營養鹽的變化來間接得知。魚菜共生系統的氨態氮和亞硝酸鹽濃度建議維持在小於 1 mg/L 的範圍內，最好能接近 0。如果系統中氨態氮和亞硝酸鹽濃度長時間都大於 1 mg/L，就代表其中的硝化細菌系統建立得不夠健全、魚隻密度太高或是餵食的餌料量太多。此時，可以試著把魚隻密度和餌料量降低。如果不想改變魚隻

密度，可以改用表面積容積比更大的物質作為生物性濾材，或是擴增生物性過濾單元的規模。當然，系統中的水質也要設法符合前述適合硝化細菌生長的狀況。

順帶一提，市面上（水族館）有販售許多硝化細菌的相關產品。「這些產品是否有購買使用的必要性？」是許多人會提出的問題。一般而言，市面上販售的產品常是休眠形態或活菌形態的硝化細菌，並製成液狀、粉狀或膜狀等不同的形式販售。休眠菌形態的產品（通常為粉狀）可以保存較久的時間，但在使用並投入水中後，仍然需要幾天的時間待其甦醒後始能作用；活菌形態的產品（通常為液狀或膜狀）在直接投入水中之後即可馬上作用，但產品的保存期限短，需儘快使用完畢。兩者各有其優缺點。如前述，只要把環境（水質、濾材等）準備好，耐心等待一些時日之後，硝化細菌群落自然就會建立起來。然而，養魚的過程中，也有會遇到需要額外投入硝化細菌的狀況，例如：

- 新成立的系統因故無法靜待數日，必須馬上將魚菜置入系統並啟動循環。此時，可以直接添加硝化菌活菌進系統，一方面可以靠這些活菌處理魚隻所產生的氨態氮，一方面則可以縮短硝化細菌群落建立完全的時間。
- 系統運作期間突然發生意外（停電、漏水、疾病等）導致魚隻大量死亡，並在短時間內因為魚體腐爛

而產生大量的氨態氮，或是誤投過量餌料，使得水色變白濁，水面起泡等現象。系統既有的硝化細菌系統可能不足以應付瞬間爆增的氨態氮。此時，除了大量換水，撈除水中魚屍或過多餌料之外，還可以投入硝化細菌活菌產品，以迅速將氨態氮轉化成毒性較低的硝酸鹽，避免災情再擴大。

- 原有的系統設計低估了實際的魚隻飼養密度，使得系統承載過多的魚隻，讓系統既有的過濾系統不堪負荷。此時，可以定期添加額外的硝化細菌產品來輔助整個魚菜共生系統中硝化作用的進行。

硫酸鹽還原菌

如果系統設計不良，或是日常管理工作未確實，導致系統中出現極度缺氧的區域，會誘發一些對系統有害的細菌，其中影響最大者就是硫酸鹽還原菌（sulphate-reducing bacteria；SRB）。

如其名，硫酸鹽還原菌在把有機物質氧化並從中獲得能量的同時，也會還原硫酸鹽（sulphate；SO_4^{2+}），並產生其產物——硫化氫（H_2S）。硫化氫其實就是臭水溝黑色淤泥裡的臭味、蛋壞掉的臭味等之主要來源。在自然界，硫酸鹽還原菌扮演在缺氧環境中分解有機物、使之進入物質循環當中的重要角色。然而，硫化氫對水生物有極高的毒性，因此硫酸鹽還原菌在魚類養殖的系統中是不受歡迎的微生物。在魚菜共生系統中，如

果魚隻密度太高，有機廢物的產生速度大於異營菌的分解速度，則有機廢物就會不斷累積。層層堆積的有機廢物，讓水中溶氧難以進入，該區域就會呈現缺氧的狀況。此時，硫酸鹽還原菌就會伺機而動。

　　要避免硫酸鹽還原菌的大量出現，最基本的工作就是維持系統水中的高溶氧，魚隻飼養的密度不宜過高，並時常留意觀察系統中有機廢物的產生與累積狀況。如果水中開始飄散宛如臭水溝或雞蛋壞掉的臭味，則需進行酌量換水，加強打氣以將硫化氫氧化成無毒的硫酸鹽，並清除過多的有機廢物。

去硝化細菌

　　去硝化細菌（denitrifying bacteria）也是不受魚菜共生系統施作者歡迎的微生物之一。在大自然裡，去硝化細菌所進行的作用（去硝化作用；denitrification）可以在缺氧的環境中將硝酸鹽還原成氮氣回到大氣中，是地球氮循環的重要步驟之一。然而，在視硝酸鹽如瑰寶的魚菜共生系統中，去硝化細菌的存在會減低系統水中的肥分。跟硫還原菌一樣，去硝化細菌也喜愛缺氧的環境。因此，要避免系統中孳生過多的去硝化細菌，則需維持系統中的高溶氧，並清除過度累積的固態有機廢物。

致病性細菌

　　在魚菜共生系統中可能會爆發魚（蝦）類與植物的病害。許多微生物都是造成魚病、植病的元兇，包括一些特定的細菌。常見的魚病與植病種類、簡易診斷和防治請參見 p.82。預防重於治療，要防堵魚病和植病的發生，就要透過良好的農漁業操作規範來降低系統接觸病源的風險，並輔以正確的日常管理方式。要避免致病細菌（pathogenic bacteria）進入魚菜共生系統的方法包括：

• 確保工作人員的衛生習慣良好。
• 避免任何動物（包括鼠類、寵物等）接觸系統。
• 絕對避免使用已受到病源感染的水體。
• 若餵食活餌，則需提防其帶菌的問題[*2]。

　　另外，考量到人類食用的安全性，作物的莖、葉、花、果等可食用部分不宜接觸到系統中的水，以免水中病源附著在作物上。採收完成之作物，無論是要生食或是需先煮熟者，都需先清洗乾淨。

真菌

　　許多真菌以固態的有機物質維生，並會把大的有機物質分解成小分子。如同異營菌一般，在魚菜共生系統當中，真菌的出現有助於將魚糞等固態有機廢物礦質化，並釋出植物可以吸收利用的小分子物質。在系統中，真菌自然會在適合其生存的環境中出現。當看到植床的作物落葉上長出白白毛毛的黴菌時（但作物的新鮮葉子是翠綠健康的），不用太過於擔

非致病性的黴菌（真菌）在魚菜共生系統中也扮演分解有機物、把其中營養釋出至系統中的重要角色。

心，因為這些小幫手正在幫忙把落葉中的養分再送回系統中。

不過，有些真菌會感染植物，造成植物病害。這部分將於第十章再行介紹（參見 p.110 ～ 112）。

藻類

如果魚菜共生系統的水體接觸到光線，藻類很容易就會在系統中孳生，讓水的顏色呈現淡黃綠至深綠色。大部分的魚菜共生系統設計施作者普遍不歡迎藻類的出現，並把避免藻類孳生與除藻視為日常必需的管理工作項目。原因有三：

- 無論是浮游性或附著性的藻類都被認為會消耗系統中的養分，而與目標作物發生搶肥的情形。
- 藻類在白天會行光合作用，產生氧氣，消耗二氧化碳；到了晚上，它們則會消耗氧氣，產生二氧化碳。於是系統中的溶氧與水中二氧化碳（即碳酸）在一天當中就會出現驟變，連帶地造成其他水質因子（如含氮營養鹽、鹼度物質等）的改變。讓魚隻和作物生活在變動過大的環境中，可能會對牠（它）們造成生長上的影響。
- 附著性藻類的增生會阻塞管路、覆蓋濾材的表面，造成水流受阻、降低過濾作用的效能。

事實上，對一般人而言，藻類或其孢子在魚菜共生系統中的出現是不可能完全防堵的。系統施作者僅能盡力抑制、降低藻類在系統中的存在

如果魚菜共生系統的水體接觸到光線，很容易就會長出藻類，包括會讓水色呈現黃綠色的浮游性藻類，以及會附著在物體表面上的附著性藻類。

量。方法很簡單，只要設法將所有可能接觸得到光線的水體與水面都遮光即可。使用遮光網、蓋子、不透光槽體等硬體，都是不錯的方法。

無脊椎動物

當魚菜共生系統運作一段時間之後，即使最初沒有刻意引入，系統也會自然出現一些小型的無脊椎動物。有些小型無脊椎動物對系統的運作有正面的幫助；相反地，也有一些將對系統有害。

在固態有機廢物的礦質化過程中，異營菌和真菌扮演了重要的角色。其實，有一些無脊椎動物會以這些固態有機廢物為食物來源，同樣也會促進礦質化作用的進行。這類的無脊椎動物常見者包括，刻意或意外引入的環節動物（蚯蚓等）與等腳類（isopods）、端腳類（amphipods）等小型的甲殼類動物（crustaceans）等。這些小型無脊堆動物大多穿梭在有機廢物累積較高的區域之中，例如植床介質、獨立的物理性過濾槽之中。

在採用深水式作物栽培法的魚菜共生系統中，作物的根系是裸露在水體當中的。Rakocy 等人（2000）發現，當他們使用深水式作物栽培法的系統運作約莫三個月之後，水體中出現了大量的浮游動物，包括枝角類（cladocera）與介形蟲類（ostracods）等[*3]。這些浮游動物（尤其是介形蟲）會附著在作物的根系上，除了吃食根系上的有機碎屑與根毛之外，還

水族館中販售的燈魚（脂鯉類觀賞魚）可以少量飼養於水耕槽中以預防浮游動物的孳生。

斑馬魚等鯉魚類的觀賞魚會啄食作物根系，較不適合飼養在水耕槽中。

會阻擋根系與水中養分的接觸，造成作物出現嚴重的生長不良現象。為了解決這個問題，可以增加水流的流速來降低這些浮游動物於根系上的附著。此外，這群科學家們也發現，若在作物槽中飼養幾隻小型的脂鯉類觀賞魚（tetras）如燈魚，同樣能有效解決浮游動物出現的問題，且魚隻本身對作物的根系不會造成任何傷害。但若飼養的是屬鯉魚類（cyprinids）如斑馬魚（Brachydanio rerio）或屬花鱂科（Poeciliidae）如孔雀魚（*Poecilia reticulata var.*）的話，雖然可以解決浮游動物的問題，但魚本身卻會直接或間接地傷害根系。

生物肥料於水耕栽培及魚菜共生系統上的應用潛力

根據王明光等學者（2010）的看法，在土耕作物栽培領域上，土壤中的微生物多樣性對農業生產有極重要的影響。長期大量的使用化學肥料與農藥，不僅對農產施作者本身和消費者的健康都不好，也會破壞農地本身與附近環境的生態，使得土壤養分過度單一、微生物多樣性失衡。土壤微生物多樣性在農業功能上可以供為維持土壤肥力、淨化作用與生物制衡，以減少化學肥料與農藥之使用，是農業增產、環境永續經營、人類能永續生存的關鍵之一。在這樣的認知與需求之下，所謂的「生物肥料」（biofertilizer）之開發逐漸受到學者的重視。生物肥料係指人工培養之微生物製劑，在土壤中利用活體生物之作用以提供作物營養來源、增進土壤營養狀況或改良土壤之理化、生物性質，藉以增加作物產量及品質，其應用目的有二[4]——

直接應用目的。 即利用活體微生物供作物養分之來源，或增進土壤營養狀況，藉此減少化學肥料之使用，並降低生產成本。例如根瘤菌等固氮微生物的使用。

間接應用目的。 即利用有益微生物對肥料功能以外的其他能力，例如保護根圈的能力，促進植物根系生長

及吸收水分與養分的能力，延長根系壽命，中和或分解毒害物質，提高作物移植存活率，及提早開花的特性。

好幾種適用於土耕栽培的生物肥料早在約十年前即已有農業學者進行開發，並獲得極佳的試驗成果。近年，台灣亦開始有農業科技公司延伸生物肥料的概念，開發出複合性微生物產品以應用於水耕栽培上，在提高水耕作物的生產品質與速度上有極為顯著的成果。此應用於水耕系統上的複合性微生物產品，簡單地說，主要由多種具不同功能的微生物所組成。其功能除了如前述般可透過微生物直接或間接的作用，發揮幫助植株生長、對養分的吸收、促進根系的發展、抑制病原等功能之外，同時還具備維護與

穩定水耕系統水質的功效。如此，讓作物在一個穩定的環境中進行栽培，成長良好自然是可預期的。

從作物栽培方式的角度切入，魚菜共生系統是水耕栽培的延伸應用。既然生物肥料在水耕栽培上能發揮良好的效果，那麼，此相關概念與產品在魚菜共生系統上理應也具有應用的潛力。衷心期盼，在不久的將來可以見到相關的學者或廠商在這方面進行正式的研究與評估。

＊1 資料來源：Rokocy et al., 2006; Berstein, 2011; Somerville et al., 2014，參見p.132。
＊2 資料來源：Somerville et al., 2014，參見p.132。
＊3 資料來源：Rokocy et al., 2000，參見p.132。
＊4 資料來源：王明光等，2000，參見p.132。

NOTES

第 10 章
系統中的植物

植物（作物）常是魚菜共生系統之中的重點。與魚相比，常見的作物生長速度相對較快而週期短，在系統管理與種植計畫妥當的情況下，能為施作者帶來不錯的經濟效益。要將植物管理得當，就必須了解植物的特性，並滿足其需求。

植物的基本構造與作用

　　高等植物的株體構造複雜，且不同的部位（構造）會各自分工，以共同維持生命。具有維管束構造的植物（簡稱維管束植物）都具有營養器官，即負責株體所需養分的製造、運輸、貯存等功能。營養器官包括根（roots）、莖（stems）、葉（leaves）。除此之外，種子植物還有負責傳宗接代的生殖器官，即花（flowers）、果實（fruits）與種子（seeds）。

營養器官

① 根

　　絕大部分生長於土壤的植物，其根是埋於土中，具有吸收水及無機鹽類、固定植物體、與貯藏養分等功能。植物能否有效吸收礦物元素，除了受到土壤介質影響之外，也取決於根部發展的狀況，如其分布深度、體積與總表面積、根毛（root hair）的密度與長度等[1]。同樣的情況也發生在水

植物的根系有吸收水和營養元素的重要功能。因此，要有健康的根系，才能有健康的植株。

根毛使根部表面積增加，提高植物對養分和水分的吸收（圖片提供：澄谷股份有限公司）。

耕栽培的植物株體。當接觸養液部分的根系發展愈好，則液上株體莖葉的部分即發展愈佳。根毛為植物根部（特別是靠近根部末端區域的根尖）表皮細胞的突出構造，它的出現會使

根部的外表面積增加到原來的 2～10 倍，能增強植物對養分和水分的吸收作用。

根部的根尖對於植物將來之發育重要性極高。根尖的細胞組織具有分裂、分化與生長的能力，可以增加細胞數目，加大根部的體積而成為根系（root system），直到個體死亡為止。

單子葉植物（如玉米）的根屬於鬚根系，主根不夠發達，在莖的基部與莖節等處會長出許多不定根，並大量形成粗細均勻的側根，宛如鬚狀。雙子葉植物（如豆類）的根則屬於主根系，其主根會再進行次生生長而形成支根，支根通常比主根細，使得整個根系為粗細懸疏的不均勻結構。

② 莖

莖介於葉跟根之間，具有支持葉、花的功能，是植物體最主要的骨架。在維管束植物體內，莖部具有發達的維管束構造（即輸導組織〔vascular tissue〕），它就像是在植物體內裝設了水管，讓水分和營養物質可以在其內流動，送到身體各個需要的部位。輸導組織分為木質部（xylem）與韌皮部（phloem）兩個區域，前者是植物體內輸導水分和礦物營養的通道；而後者則負責植物體內醣類的運輸。

莖部的末端（通常是最上端）稱為枝尖，同樣也具有分裂、分化與生長的能力，可以增加細胞數目，加大植物個體，使之膨大分化成為枝系（shoot system）。

③ 葉

葉子為植物體上展布於空中的部分，通常呈片狀。功能上，葉子負責吸收光線，並以水（water；H_2O）和二氧化碳（carbon dioxide；CO_2）為原料進行光合作用（photosynthesis），製造養分提供株體所用。葉子之所以負責這麼重要的作用，在於其上聚集了許多的葉綠體（chloroplast），而它正是光合作用進行的主要場所。也因為富含葉綠體，健康植物的葉子往往是綠色的。

水是植物體的主要組成，其含量約占植物組織的 70～90%。植

莖是連結根和葉的構造，也是植物體最主要的骨架。

莖的橫切面中可見明顯的管狀構造，此即為維管束。

植物的葉子富含葉綠體，是進行光合作用的重要器官。

物細胞必須在含水充足的狀況下才能進行正常的新陳代謝。植物所需的水分，大部分是由根部從土壤或介質中吸收而來。但其中僅有約不到1%的水分被用來作為植物組成成分，其他絕大部分則是經由蒸散作用（transpiration）散失到環境中。植物的蒸散作用具有調節植物體溫，產生蒸散作用拉力以促進根系對水分的吸收，與加強植物與外界進行氣體交換等重要功能。葉片是植物蒸散作用的主要器官。葉片上的細微構造——氣孔（stoma）就是水分從組織擴散到大氣中的通道之一。

生殖器官

花是種子植物進行有性繁殖時，最主要的生殖器官。花上有雄蕊、雌蕊、花被（包括花瓣與花萼）與花托等部分。其中，雄蕊上含有雄性配子（花粉）；而雌蕊的外部有明顯的柱頭與花柱，在其基部則有子房。雌蕊子房內含有雌性配子（胚珠）。當花粉有機會接觸到柱頭（稱為授粉）並進入雌蕊之後，會與胚珠結合。之後子房膨大，成為果實；胚珠則發育成為種子。種子在發芽之後會生長發育成一獨立的株體，繼續傳宗接代。果實則具有保護種子、協助種子散播等功能。

光合作用

光合作用是植物將光能轉變為化學能，用以自行製造營養的重要作用，在地球上營養元素與生態系的循環上扮演舉足輕重的角色。綠色植物

01 豌豆的花。02 豌豆的果實（豆莢），能保護其內的種子。03 辣椒的花。圖中白色片狀為花瓣；正中間的黃白色長柱狀構造為雌蕊；雌蕊周圍數根淡綠色的短柱狀構造則為雄蕊。04 花是種子植物的生殖器官。05 各種不同作物的種子。

進行光合作用時，需要水和二氧化碳作為原料，在光能的存在之下，會生產出氧氣（oxygen；O_2）和有機化合物（主要是醣類）。其總反應為：

$$\text{（光、葉綠體）}$$
$$nH_2O + nCO_2 \longrightarrow (CH_2O)_n + nO_2$$

① 葉綠體的構造

植物進行光合作用的主要場所就在葉綠體之中。葉綠體是植物細胞內一個橢圓形的構造（胞器），長約 $5\mu M$，厚度約 $1 \sim 2\mu M$。葉綠體本身為一雙層膜的構造，故有內膜（inner membrane）與外膜（outer membrane）之分，兩膜之間的空間稱為「膜間隙」（intermembrane space）。葉綠體內則又分別包含了由類囊體（thylakoid）所堆疊而成的葉綠餅（grana）、基質（stroma）、基質板（stroma lamellae）等構造。其中，葉綠餅因含有大量葉綠素（chlorophyll）而帶有強烈的綠色。

② 光反應與碳反應

在光合作用中，光能被植物利用於氧化水與還原二氧化碳，並釋放出分子態的氧，製造出醣類等有機化合物。這看似簡單的作用，其間其實包含了許多極為複雜的生化反應。光合作用裡複雜的生化反應，可以粗略分為兩個步驟——光反應（light reaction）與碳反應（carbon reaction）[*2]。

光反應是一連串由光線所啟動的生化反應，發生的主要場所在葉綠體中的葉綠餅。當植物照到光線，葉綠素分子會因為吸收到能量（光能）而成為較不穩定的激發態，並在經過能量轉移和電子傳遞鏈（electron transport chain）之後，藉由三磷酸腺苷（adenosine triphosphate；ATP）與還原型菸醯胺腺嘌呤二核苷酸磷酸（reduced form of nicotinamide adenine dinucleotide phosphate；NADPH）這兩種化合物的形成將光能固定下來，以提供後續反應所需的能量。

當光反應進行完成並產生 ATP 與 NADPH 時，就會促使二氧化碳還原成糖，也就是碳反應（或稱固碳作用〔carbon dioxide fixation〕）。碳反應是一連串由酵素催化的反應，主要發生在葉綠體的基質中。碳反應的進行會生產出日後可以進一步再製造為蔗糖、澱粉、纖維素等的原料。

植物行光合作用的效率會受到多項外界環境因子的影響，如光照、二氧化碳、溫度和水分等。此外，跟葉綠素分子結構有關的營養元素若缺乏，也會使得色素分子不足，植物葉片發黃，光合作用降低。

呼吸作用

綠色植物行光合作用，將光能轉換成化學能並製造醣類等有機化合物後，接著會進行呼吸作用來將醣類分解，以獲得能量來讓植物發育及生長，並維持生命[*3]。從生物化學的觀點來看，呼吸作用就是醣類（葡萄糖

等六碳糖）的氧化作用：

$$C_6H_{12}O_6 + 6O_2 + 6H_2O + 32ADP + 32Pi \longrightarrow 6CO_2 + 12H_2O + 32ATP$$

　　呼吸作用的進行，不僅提供植物細胞能量，也提供許多植物所需物質的碳元素骨架，例如胺基酸、脂質等。因此，植物在快速生長時，會不斷進行光合作用來產生大量的醣類，並進行呼吸作用來生產植物生長時所需的碳元素骨架。呼吸作用發生在所有的細胞內，特別是在一種被稱為細胞能量工廠的構造（胞器）——粒腺體（mitochondria）當中進行。

　　植物的呼吸作用機能會受到氧氣濃度、溫度、機械刺激與傷害、疾病、呼吸受質（即呼吸作用的原料，例如醣類的多寡）、植物本身的形態與年齡等因子影響。因此，在種植作物時要讓作物生長良好，請務必提供作物適當的光照，能供應二氧化碳與氧氣的流通空氣，適當的溫度，以及足夠的水分，其光合作用與呼吸作用才能順利進行。

植物生長所需的營養成分

　　經過長時間研究的累積，目前科學家們普遍接受，植物為維持正常生理活動所必需的元素有 16 種，分別為：碳（carbon；C）、氫（hydrogen；H）、氧（oxygen；O）、氮（nitrogen；N）、磷（phosphorus；P）、鉀（potassium；K）、鈣（calcium；Ca）、鎂（magnesium；Mg）、硫（sulphur；S）、鐵（iron；Fe）、錳（manganese；Mn）、鋅（zinc；Zn）、銅（copper；Cu）、氯（chlorine；Cl）、硼（boron；B）、鉬（molybdenum；Mo）。之所以稱這些元素為「必需」，是因為它們符合下列要件[*4]：

- 必需元素是植物生長發育（從種子萌芽到再結種子的整個過程）所不可缺少的；一旦缺少，就不能完成其生命週期。

- 缺乏某必需元素時，植物會表現出特有的症狀，且其他任何一種化學元素均不能代替其作用。而若補充該必需元素後，症狀始能減輕或消失。

- 必需元素直接參與植物的新陳代謝，對植物起直接的營養作用；而不是透過其他間接作用（例如改善環境）來影響植物者。

　　根據這些必需元素於植物體含量的多寡，通常會把它們分為兩大類，即占植物體乾重 0.1% 以上的「巨量營養元素」（macronutrients），與占植物體乾重 0.1% 以下的「微量營養元素」（micronutrients）。它們的來源各異，可能由空氣、水或根部自土壤（或養液）吸收而來（參見下頁表）。

① 碳

　　碳是有機物質的最主要組成之一，也是植物行光合作用的原料。研究顯示，空氣中二氧化碳濃度提高至 0.1%，則可明顯增加作物產量；但若超過 0.1%，反而會產生不良影響。

各種植物必需元素的分類與其來源（參考柯勇〔2006〕重製）

依含量多寡分類	元素中名／符號	來源	主要的吸收形式
巨量營養元素（Macronutrients）	碳／C	從空氣中獲得	二氧化碳（CO_2）
	氫／H	從水中獲得	水（H_2O）
	氧／O	從空氣與水中獲得	二氧化碳與水
	氮／N	從根系（由土壤或養液）吸收獲得	銨態氮（NH_4^+）、硝酸鹽離子（NO_3^-）、可溶性的有機物（如尿素（$(NH_2)_2CO$）等）
	磷／P	從根系（由土壤或養液）吸收獲得	磷酸二氫根離子（$H_2PO_4^-$）與磷酸氫根離子（HPO_4^{2-}）
	鉀／K	從根系（由土壤或養液）吸收獲得	鉀離子（K^+）與其可溶性鹽類
	鈣／Ca	從根系（由土壤或養液）吸收獲得	氯化鈣（$CaCl_2$）等鹽類中之鈣離子（Ca^{2+}）
	鎂／Mg	從根系（由土壤或養液）吸收獲得	鎂離子（Mg^{2+}）
	硫／S	從根系（由土壤或養液）吸收獲得	硫酸根離子（SO_4^{2-}）、空氣中的二氧化硫氣體（SO_2）
微量營養元素（Micronutrients）	鐵／Fe	從根系（由土壤或養液）吸收獲得	亞鐵離子（Fe^{2+}）、鐵離子（Fe^{3+}）
	錳／Mn	從根系（由土壤或養液）吸收獲得	錳離子（Mn^{2+}）
	鋅／Zn	從根系（由土壤或養液）吸收獲得	鋅離子（Zn^{2+}）
	銅／Cu	從根系（由土壤或養液）吸收獲得	銅離子（Cu^{2+}）與亞銅離子（Cu^+）
	氯／Cl	從根系（由土壤或養液）吸收獲得	氯離子（Cl^-）
	硼／B	從根系（由土壤或養液）吸收獲得	硼酸根離子（BO_3^{2-}）
	鉬／Mo	從根系（由土壤或養液）吸收獲得	鉬酸離子（MoO_4^{2-}）

② 氫

氫是有機物質的主要組成之一。化合物由氫所產生的氫鍵（hydrogen bond）具有高彈性、易分易合等特性，在生命物質的結構與功能裡扮演重要角色。而由氫所組成的水，更有維持細胞形態、參與許多生化反應且作為其溶劑、維持滲透壓、調節酵素作用、影響 pH 值等重要性。

市面上俗稱的「開花肥」，即是含磷量較高的肥料。

③ 氧

氧是植物行呼吸作用的必需元素，也是植物產生能量、合成其他有機物質的原料。此外，氧也會影響植物根系吸收養分的能力，與豆科植物的固氮能力。

④ 氮

氮是植物體內重要有機物的主成分之一，並參與植物的生長發育過程，與其體內的許多生化與代謝作用。葉綠素分子的主要組成元素之一就是氮，由此可見其重要性。在作物種植或園藝上，含氮量高的肥料又被稱為葉肥，是觀葉植物整個生長期都需要、開花植物只在幼苗至長花苞前的期間才需要的肥料。

在魚菜共生系統中，溶解在系統水體中的氮常以氨態氮、亞硝酸鹽與硝酸鹽等形式存在。因此，也是魚菜共生系統中最容易透過簡易的檢測工具就能得知其存在量的營養元素。植物可吸收的氮主要形式為硝酸鹽，但植物仍可吸收少量的氨與小分子胺基酸。

氮素缺乏的植物，植株矮小，葉片黃化薄而小，容易掉葉，莖細，植株虛弱。植株下部葉片首先褪綠黃化，然後逐漸向幼葉擴展。

⑤ 磷

磷是核酸的主要成分，在植物生長、發育、繁殖、遺傳等極為重要。由磷所組成的磷脂是構成細胞膜與胞器膜的重要成分。同時，磷也是能量物質 ATP 的重要成分，與參與光合作用的重要元素之一。含磷量較高的肥料被稱為「花肥」。一般植物只需適量；開花植物與一般草本植物在開花前都需要較高比例的磷肥。

植物體缺乏磷時，老葉會先表現症狀，葉片顯現紫紅色或暗紅色，並逐漸擴展至嫩葉。

⑥ 鉀

鉀能促進光合作用的進行，也能促進光合作用產物往貯藏器官（塊根與塊莖）的運送。此外，鉀可以活化酵素的作用，提高植物對氮的吸收、利用與轉化成蛋白質。鉀同時也是調節細胞滲透壓的重要離子之一。其可調節葉子氣孔的開關，調節水分的蒸散與二氧化碳的進入。含鉀量較高的肥料被稱為莖肥，各類植物在生長期間都需要適量。

植物體缺乏鉀時，植株下部老葉上出現失綠並逐漸壞死，葉片暗綠無光澤。此通常在生長發育的中後期才表現出來。

⑦ 鈣

鈣是細胞分裂時所需的重要元素之一，也是許多酵素反應的輔酶。此外，它有調節滲透壓的能力，與穩定生物膜（細胞膜、胞器膜等）構造的功能，是維持細胞完整性不可或缺的元素。此外，鈣與細胞代謝的調節作用、光合作用、生長素調節等都有關。

當植株缺鈣時，植株會較矮小，新生組織（頂芽、根尖等）首先出現病徵，易腐爛而死亡；幼葉捲曲畸形，葉緣開始變黃並逐漸壞死。

⑧ 鎂

鎂也是構成葉綠素的主要元素之一，在光合作用的進行上扮演重要角色。此外，鎂參與活化許多酵素的活性，也會影響核糖體（ribosome）生理與生化功能的完整性，進而影響蛋白質的合成。

缺鎂的植物，矮小而生長緩慢，葉色從葉脈間開始，會從淡綠色轉為黃色或白色，進而出現大小不一的褐色、紫紅色的斑點或條紋。嚴重時，整個葉片壞死。

⑨ 硫

硫是組成蛋白質的主要元素之一，自然也是許多酵素的成分（酵素也是蛋白質）。此外，硫是其他許多具生物活性物質的成分之一，如維他命 B1 等。它也參與光合作用的暗反應與二氧化碳的還原等。

植株缺硫時會生長緩慢，嫩葉病徵比老葉明顯，葉片缺綠呈紫紅色。

⑩ 鐵

光合作用中的氧化還原系統、磷酸化作用（phosphorylation）、二氧化碳的還原，與其他能捕捉光能的物質（如類胡蘿蔔素等）之合成，都與鐵有關。此外，鐵與植物體內的氧化還原反應也有密初關係，影響蛋白質、硝酸等的還原，也會影響植物的呼吸代謝過程。鐵也是固氮酵素的主要組成之一。

缺鐵的植株，從幼葉開始出現缺綠現象，出現處為葉脈之間和細網狀組織之間，故缺綠的區域往往為黃綠相間。嚴重時葉片會枯死。

⑪ 錳

錳為維持葉綠體的構造，進而為光合作用進行所必需。它也會影響許多酵素的活性，有促進氮素的代謝、調節植物體內氧化還原狀態等的功能。再者，錳對植物體內脂肪酸的合成與硝酸鹽還原過程均有重要的影響。此外，錳會促進種子的萌芽與幼苗早期的生長、加速花粉管的發育、提高結實率、提早幼齡果樹結果等。

當植株錳不足時，幼葉開始出現缺綠現象，使葉片上出現許多小黃斑或雜色斑點。

⑫ 鋅

鋅是許多酵素的主要組成之一，也在氮的代謝、蛋白質的合成和代謝上有重要的作用，還會影響光合作用的進行。此外，鋅也會間接影響植物生長素的形成。

鋅不足的植株，生長受抑制，植株矮小。老葉葉脈間開始缺綠，由淺綠色轉黃，甚至白，最後枯死。

⑬ 銅

銅是許多酵素的主成分，由其所組成的銅蛋白更參與光合作用的進行。銅對豆科植物根瘤的形成與固氮有正面的影響。此外，由銅所組成的超氧化岐化酶（superoxide dismutase；SOD），具保護葉綠體的功能。

植株缺乏銅時，葉尖會逐漸變白，嚴重時會枯死。

⑭ 氯

氯參與光合作用，也能調節與維持細胞的 pH 值。此外，氯能間接使根系釋出氫離子而增加根系酸度，有抑制病害的作用。

當植株缺氯時，會出現生長不良，葉片缺綠，萎凋等病徵。

⑮ 硼

硼是促進植物生殖器官（花的柱頭、雌雄蕊等）的正常發育、受精與種子形成等的重要元素。它也會促進植物體內醣類的運輸與代謝。此外，硼能提高豆科植物根瘤菌的固氮能力。

當植物體缺硼時，其莖頂分生組織會遭到破壞，生長因此受阻，呈萎凋狀態。老葉的部分則會變厚、畸形，開花功能受阻。

⑯ 鉬

鉬參與硝酸鹽的同化作用，也參與根瘤菌的固氮作用。此外，它有促進植物體內有機磷化合物合成的功能。鉬也是植物受精和胚胎的發育所必需的元素。

當植物缺鉬，植株下部葉片開始黃化，形成雜色斑點，葉緣壞死並逐步擴大，葉片向內捲曲。花蕾形成受阻，即使開花亦不結果。

系統中的植物種植方式

現代化魚菜共生系統大部分是採用水耕栽培法來栽培作物。水耕栽培也就是無土栽培法，即作物非生長於土壤之中的栽培方法。使用水耕栽培法，植物所需的營養由人工配製而成，內含各種植物生長所需元素的養液來提供。水耕栽培植物的株體本身由天然或人造介質來固定維持，其根系則直接接觸養液。在市面上一些介紹水耕栽培與植物工廠等主題的書籍中，已可見到作者們對水耕栽培與傳統有土栽培兩者所進行的優劣比較。基本上，比起傳統的有土栽培法，水耕栽培法在用水量較少、對可供耕種的土地需求較低、作物的產量較高且品質好控管、勞力負荷較低、病蟲害發生率較低等各方面都有其優勢。但不可諱言地，水耕栽培也有其讓人裹足不前的地方，特別是較高的初期硬體建構成本。此外，純水耕栽培法是直接使用化學鹽類配製養液，此舉可能會讓人因誤解而產生「不有

水耕栽培作物，即是讓作物根系直接接觸養液以吸收利用其中的營養元素。

有良好環控的水耕栽培，可以產出品質優良且一致的作物。

機」、「不天然」、「對人體健康可能不好」等疑慮。最後，市面上許多的水耕作物產品常在離開養液後就不耐保存而脫水、軟爛、發黃，產品賣相不佳，也容易讓消費者產生負面的觀感。

常被應用在魚菜共生系統中的水耕栽培方式有植床式（media bed）、深水式（deep water culture technique；DWC）以及養液薄膜法（nutrient film technique；NFT）等三種循環水式水耕栽培法（參見p.48～70）。在魚菜共生系統中，魚所產生的一切有機物質（排泄物）都必須經過微生物的轉換，使營養成分都溶在水裡，讓系統中富含養分的水體成為養液，以便作物根系直接從中吸收利用。採用水耕栽培法來種植作物的魚菜共生系統，從產業面來看，同樣具有前述純水耕栽培具有的各項優點。不過，魚菜共生系統中提供作物生長所使用的養液，不是由各種化學鹽類人為配製而成，而是由魚的尿糞與微生物的作用而來，容易讓人產生「更天然」、「更有機」的感覺。因為來源的不同，純水耕栽培法所使用的養液與魚菜共生系統中的養液存在一些不同之處：

- 前者是事前經過計算各種元素用量並由人工配製而成，因此養液中各元素的成分比例容易掌握與控制。後者則主要是由魚的尿糞而來，受到多種因子影響，例如魚隻種類、消化排泄能力、餌料成分、系統微生物相、水質等，使得一般人對其中營養成分的組成比例較難得知與掌握。

- 前者是根據植物所需而人工配製完成，故在系統設置完成並加入養液之後，植物所需的各種營養元素就全數到位。然而，後者之中的營養成分來自於魚的尿糞，故在魚菜共生系統設置初期（魚的尿糞較少）水體中的營養成分和濃度自然也較少。但隨著系統運作的時間增加，水體中的營養成分和其濃度則會日漸累積增加。

- 如前述，由於前者所含的植物所需養分是系統設置之初就全數到位，因此植物馬上就能以最佳的狀況進行生長（除非養液的配方有瑕疵或其他環境條件不佳）；反觀後者，在系統設置初期，其內養分仍常不足。因此，在這個階段裡，植物常會出現生長速度緩慢、株體矮小、葉片發黃等營養缺乏的症狀。然而，隨著系統運作的時間拉長（通常約需數個月至一年），水體中營養成分與其濃度的增加，植物生長的狀況就會漸入佳境。

話說回來，為何現代化魚菜共生系統常是與水耕栽培法結合，而非與傳統土耕法作結合呢？可能的原因有幾個：

- 土壤的顆粒小而輕，難以固定在特定區域中，因此在系統中易隨著水流而揚起，使水路混濁泥濘，並在水流較緩的區域（可能是魚槽，可能是管路間）沉積，造成水路淤積。而水耕栽培常用的介質（如發泡煉

石、火山岩等）較不泥濘，好清理，也較容易控制。

- 若使用土壤作為植物生長的介質，代表魚槽中富含有機物質的水必須流進土壤中。但土壤層的排水透氣性較發泡煉石等介質差，魚糞等有機物質長年堆積，容易造成土層中缺氧，衍生出厭氧菌的增生與有毒還原物質如硫化氫（H_2S）的產生等問題。

- 秉持著無毒的魚菜共生系統，若要在系統中使用土壤，那就要百分之百確保該土壤乾淨、未受重金屬與農藥等毒物汙染、不含有病原。但在實務上，這並不容易做到。

- 若使用土壤於魚菜共生系統之中，且土與水為直接接觸，則易在土中有機物質進行分解醱酵作用的同時，釋出氨於水中，使水質酸化。

- 土與水的直接接觸，也會讓土壤中的可溶性物質溶入水中。若土壤含有有毒物質，則會對魚造成毒性。

話雖如此，土壤中含有的植物所需營養元素，尤其是微量元素，被認為可以補充光靠魚糞的不足。此外，使用土壤對於種植一些不易適應水耕栽培環境的植物而言，更是不可或缺的。因此，無論國內外，近年都仍有人在嘗試各種不同的方法要將土壤融入魚菜共生系統的運作之中，值得靜觀其變。

植物進行水耕栽培時的環境需求

土作植物對於環境的需求不外乎陽光、空氣、水和土壤。水耕栽培雖然以天然或人工介質來取代土壤，提供植株的固持性，但光、空氣和水仍是植物生長所必需而無可取代的。

① 光

因為光合作用所需，光對植物的存活與生長具有極為關鍵的重要性。光的波長在 400nm ～ 700nm 之間為可見光。葉綠素 a 對光的吸收波長在藍光（約 430nm）與紅光（約 660）範圍時有最強的吸收，而對藍光的吸收又比對紅光的吸收更能激發葉綠素到較高能量狀態[*6]。葉綠素對綠光（波長在約 500nm）卻不吸收，因此光線照到植物上，無法被吸收的綠光遂被反射，當映入我們眼簾時，就會讓我們看到植物體（尤其是葉片）是綠色的。大致上，進入到地球的太陽光（能）中，只有約 5% 能被植物葉面的光合作用轉化成醣類。

一般而言，光合作用的進行（以二氧化碳的同化作用表示）會隨著光照（光子流量）的提高而增加。然而，當光子流量持續增強到某個限度時，光合作用速率就停止隨之增加，出現飽和現象。此時的光子流量，稱為「光飽和點」（light saturation point）。不同類型植物，光飽和點不一樣。例如陰性植物的光飽和點就比陽性植物的來得低。換句話說，種植陽性植物，為讓植物的光合作用達到最佳，需提供較強的光照；而種植陰性植物時，提供的光照就可以不用像陽性者那麼強，只要超過其光飽和點，再多的光照也不會對其光合作用有任何正面的

在新建的魚菜共生系統中，時常可以見到作物葉片上出現因營養元素缺乏而黃化或呈黃綠色網狀紋路的病徵。

營養缺乏與光線不足都有可能造成植株瘦細與徒長，因此需綜合各項因子之後才能準確判斷。

幫助。

要讓植物所進行的光合作用達到最佳的狀態，提供波長正確、光照度足夠的光線絕對是必要的。

② 空氣

在植物進行光合作用時，二氧化碳是作為其生產養分（醣類）的主要原料之一。而在氧氣的參與之下，植物行呼吸作用可將醣類分解以獲得能量，讓植物可以用於發育及生長。而空氣，就是二氧化碳和氧氣的主要提供者。無論是土耕或水耕，種植植物的環境要有流通的空氣，以提供源源不絕的二氧化碳和氧氣。

③ 水質

水是植物所需水分和養分的主要來源，也是水耕作物根系直接暴露到的環境。除了營養元素要充足之外，水質（pH 值、溶氧、溫度）也會對植株的生長甚至存活有所影響。

水中的 pH 值會嚴重影響到各個植物所需元素的水溶性（參考 p.34 ～ 35）。因此，為了讓各個元素能充分溶解於水中，又同時考慮到魚和微生物所需，魚菜共生系統中水的 pH 值常被建議要控制在 6.0 ～ 7.0 左右。

植物通常是利用葉和莖吸收呼吸作用所需的氧氣；但若是根系生長環境中的溶氧也過低，容易使得根部缺氧而爛根。充足的溶氧，有助於提高作物根系對養分的吸收能力。因此，在魚菜共生系統中，水中的溶氧需維持在 5 mg/L 以上。

在魚菜共生系統中的水溫建議範圍在 18 ～ 30 ℃之間。但不同的作物仍然有其最適的溫度範圍。因此，系統中的水溫究竟要維持多少，要看種植的作物和飼養的魚類而定。實務上，絕大多數的魚菜共生系統仍多是設立於室外或是溫控能力有限的溫室中，故視氣溫和時節來選擇種植作物的種類才是正確的作法。在這裡特別要提醒的是，水溫提高時，水中的溶氧會降低。

系統中植物必需元素的缺乏

理想上，在魚菜共生系統中，植物生長所需的所有必需元素都來自於魚的排泄物。然而，許多人在施作魚菜共生系統時，仍然宣稱他們觀察到系統中缺乏足夠的營養元素，導致植株黃化（無論是出現在新葉或老葉）、葉面上出現黃綠色網狀紋路、植株生長緩慢、植株細（瘦）長、外觀虛弱等植株生長不良與外觀異常的現象。使用右頁「檢索表」，可以輕易地藉由植物外觀的各種異狀來比對出其究竟是缺少何種營養元素。然而，會讓植株外觀異常的原因並不只有營養元素的缺乏，還包括種植環境不佳（如光照不足）、病蟲害等。因此，當作物外觀出現異常時，必須先釐清各種可能原因。

在魚菜共生系統設置完成的初期，植物最容易發生營養缺乏的狀況。魚菜共生系統水體中的養分來自於魚的排泄物。因此初期的系統水體中養分較少，通常會建議在系統剛運

作時先種植需肥量較低的作物，如葉菜類或香草類，等到系統成熟（通常是半年至一年之後），再來種植瓜果類植物等需肥量較高的作物。

科學家分析之後發現，魚糞中含有許多元素，其中的確包含許多植物生長所需的巨量元素（如氮、磷、鉀、鈣、鎂等）和微量元素（如銅、鐵、錳、鋅等）[*7]。不過，固態的魚糞必須要被徹底分解，才能把其中所含元素完全釋出於水中供植物根系吸收利用。換句話說，在魚菜共生系統之中，植物所需的養分是否足夠，有很大一部分是取決於魚糞是否能夠被完全分解。魚糞的分解必須仰賴微生物的作用（參見 p.87 ～ 89），包括進行礦質化作用的異營菌與進行硝化作用的硝化細菌。因此，系統中是否有健全的異營菌與硝化細菌群落，與水體中植物所需營養元素是否足夠有極大的關係。許多人會強調硝化細菌在魚菜共生系統中的重要性，卻常忽略了異營菌的重要性與其環境營造。異營菌會聚集在系統中固態有機廢物較多且溶氧充足的區域。在單純的循環水式魚類養殖系統中設立物理過濾裝置（如沉澱槽），原本就是要把魚槽中產生的固態廢物（主要是魚糞）盡

植物缺乏必需元素的症狀檢索（ 依據柯勇，2006 研究成果重製）

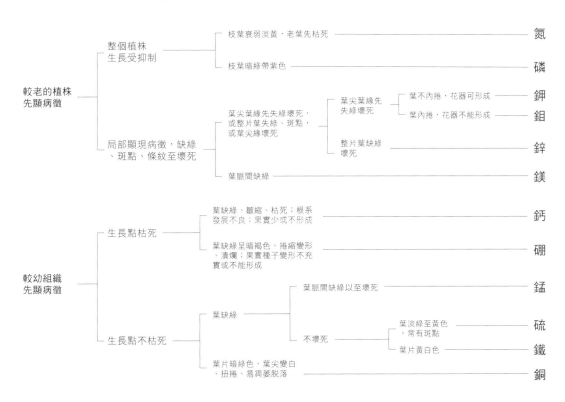

快隔離並去除。但這個觀念在魚菜共生系統上則不完全適用。事實上，在魚菜共生系統中，一旦固態廢物被系統施作者「過於勤快」地去除，則魚糞中的元素根本來不及被異營菌分解並釋出。在這種情況下，魚隻的確會因為水質乾淨而生長良好，但植物卻會出現營養元素不足的症狀。因此，需透過調整沉澱槽排汙的日常管理頻率，讓系統保持在有適量固體有機廢物存在的情況下，以利異營菌在其中繁殖並將營養元素自這些固態廢物中釋出。除此之外，在採用植床式水耕栽培法的魚菜共生系統中，也常見施

作者將蚯蚓引入植床中，目的就是為了加快固態有機廢物的分解速度與其中元素釋放至系統的速度。

每一種營養元素於系統水體中的存在量，並不等於植物可吸收的量。水質，特別是 pH 值，對各個植物必需營養元素的水溶性影響甚鉅。不同的元素，其易溶於水的 pH 值範圍並不完全相同。如氮、磷、鉀、硫、銅、鋅、鉬與硼等，只要水中 pH 維持在 5.5 ～ 7.5 的範圍之內，都能有效溶於水中而易於被植物根系吸收。鈣和鎂的溶解度則在約 6.6 ～ 8.5 之間較佳。至於鐵與錳，如果 pH 高於 6.5，則其溶解度就會急劇下降。當水體的 pH 不在各元素的可溶解範圍內，則元素在水中的存在量再高，也會因為溶解度低而讓植物無法吸收得到。換句話說，魚菜共生系統水體 pH 若不恰當，則會降低營養元素的溶解度與可獲得性，使植物根本無法成功吸收利用。這也是魚菜共生系統中植物會出現營養缺乏的常見原因之一。在純水耕栽培系統中，水體 pH 常需控制在 6.0 ～ 6.5 左右，以確保各植物必需營養元素都能溶解。而在必須同時兼顧魚、植物和微生物三者需求的魚菜共生系統中，建議的水體 pH 值則在 6.0 ～ 7.0 間。

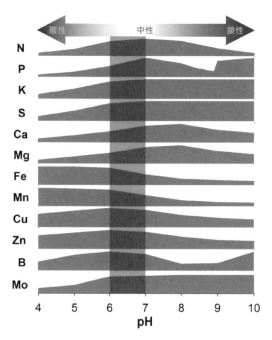

介質酸鹼度（pH）對作物能有效吸收各種營養元素的程度（綠色色塊）之影響。介質中的酸鹼度愈低，酸度愈高；酸鹼度愈高，鹼度則愈高。紅色區域為魚菜共生系統水體的建議酸鹼值範圍（6 ～ 7），各營養元素在此區域內有相對較高的作物吸收有效性。

經過過去幾十年的經驗，現代化魚菜共生系統研究者與施作者們發現，就算餌料投餵足夠，異營菌作用完全，水體 pH 值也控制恰當，但植物所必需的 13 種（扣除由水和空氣而來的碳、氫、氧）營養元素仍

舊可能無法全數到位，尤其是鐵、鈣與鉀。在長時間運作之後，魚菜共生系統中的植物仍會因此出現外觀上的異常。這個問題出在餵飼魚隻的飼料之養分組成與比例上。魚飼料是特地為魚隻生長所需而設計的，並非是為了植物所設計的。因此，魚飼料中可能會含有一些有利魚隻生長或飼養操作、但植物並不需要的元素，例如鈉。當然，魚隻不會特別需要的營養元素也可能不會出現在魚飼料中，無論植物是否需要它們，像是鐵、鈣與鉀。針對魚菜共生系統水體中鈣與鉀含量不足的現象，這並不難解決。系統長期運作之後，呼吸作用和硝化作用等的進行會讓水體累積氫，進而增加水中酸度（pH 降低）。因此，為讓魚、菌與菜三者的生長都順利，常會利用氫氧化鉀（potassium hydroxide；KOH）、氫氧化鈣（calcium hydroxide；$Ca(OH)_2$）、碳酸鉀（potassium carbonate；K_2CO_3）與碳酸鈣（calcium carbonate；$CaCO_3$）等鹽類的添加來提高 pH 值至適當的範圍。此時，自然也就補充了水中的鈣和鉀。當然，在系統中放置天然的礦物質，如蚵殼、珊瑚砂等，也有助於提高水中的鈣含量。至於鐵，則稍微比較麻煩。鐵本身在自然界存在有多種不同化學價數的形式。一般認為，植物可以吸收利用的鐵形式主要是二價鐵（Fe^{2+}；ferrous）與三價鐵（Fe^{3+}；ferric）這兩種形式（尤其是二價者）。二價鐵在自由狀態下極易被氧化而轉變成三價鐵，而三價鐵在

遇到氫氧根離子（OH^-）後極易反應結合而形成氫氧化鐵（$Fe(OH)_3$；ferrous hydroxide）。顏色呈深橙色的氫氧化鐵難溶於水，植物更是無法直接從中吸收鐵元素。換言之，直接在植物栽培系統中加入二價鐵離子或其鹽類如硫酸亞鐵（$FeSO_4$；iron (II) sulfate）、氯化亞鐵（$FeCl_2$；iron (II) chloride）等，對於植物的鐵元素吸收幫助極為有限。與「螯合劑」（chelating agent）結合的鐵（或稱為螯合鐵〔chelated iron〕），遂常被應用來解決植物對鐵元素吸收的問題。所謂的螯合鐵，是使用螯合劑，如螃蟹的大螯般把三價鐵離子「夾住」，使之不易與氫氧根反應而易溶於水，也較易於進入植物體內。常被使用的螯合劑有好幾種。在水耕栽培中，常用的螯合鐵劑是「乙二胺四乙酸鐵」（ethylenediaminetetraacetic acid iron（III）；EDTA-Fe（III））。但 EDTA 在 pH 高於 7.0 的情況下穩定性較差。因此，在魚菜共生系統中，常用的螯合鐵劑則為「三胺五乙酸鐵」（diethylene triamine pentaacetic acid iron（III）；DTPA-Fe（III）），它在 pH7.0 的環境中仍能保有較佳的溶解性。

植物病蟲害

植物病害的定義、類型與特徵

植物若在生長過程中因為生物與／或非生物因素之影響，使得其生長發育受到阻礙，以致於未能發揮其固

有之生長潛能，外表顯現形態上的改變，產量降低，品質劣化，甚至植株死亡的現象，則稱此植物生病了，也就是「植物病害」。

植物病害可依發生部位、發生原因，或發生的規律來分類[*8]——

依發生的部位來分。 植物病害發生的部位可分為「局部性病害」（localized disease）與「系統性病害」（systemic disease）兩大類型。局部性病害即植物的局部部位（如葉、莖或根）受到病原的危害，使得該部位之正常生理功能降低或無法進行。例如葉片萎凋、莖腐爛或其基部形成冠瘿、花腐、枯枝等。而系統性病害指的則是植物的維管束被病原入侵危害後，影響植物全株，並呈現系統性病徵，例如整株黃化、矮小、徒長等。

依發生原因來分。 植物病害的發生原因可分為「傳染性病害」

（infectious disease）與「非傳染性病害」（non-infectious disease）。

傳染性病害之病原為傳染性微生物，如真菌、細菌、病毒與類病毒、植物菌質體、寄生性的高等植物與線蟲等數大類，又稱為寄生性病害。受到病毒感染的植物，葉、花瓣、果實上通常會出現深淺不一的紋路（嵌紋狀病斑）、褪色、變黃、組織壞死；或葉片變細成絲狀，出現畸形或整個植株萎縮等；常見者包括嵌紋病、番茄黃化捲葉病等。受到細菌感染的植物，則會出現軟化、腐爛、枯萎、枯死等病狀；常見者如青枯病、軟腐病、細菌性斑點病等。受到真菌感染的植物，則常出現黑色、灰褐色、白粉狀、紅銹色或黃綠色病斑、葉片變黃枯萎的病徵；常見者包括灰黴病、白粉病、銹病、露菌病、炭疽病等。

非傳染性病害則是由於不適宜的

01 徒長的萵苣。02 因受到傳染性微生物之感染而發生的植病稱為傳染性病害。圖為白粉病。03 可能感染鐵鏽病的鳳梨科植物葉片。04 可能已感染炭疽病的蘭花葉片。

物理、化學等因素而引起的病害。如營養物的缺乏，水分供應失調，溫度過高或過低，日照的過多或過少，土質狀況等，又稱為非寄生性病害。常見者包括寒害、日燒、土質不佳而影響植物根系對養分的吸收，進而造成植物體內營養元素的缺乏等。寒害指的是在某一定的低溫（約 0 ～ 15℃）對植物造成的傷害之統稱，受害植株的病徵通常包括生理異常與生育延遲、早期抽苔、落花落果等。日燒指的則是植物的葉片突然受到比平常還要強烈的日照所發生的枯萎或白化的灼傷現象，即晒傷或葉燒等。而植物若缺乏營養元素，症狀則視該元素的種類而有所不同，從外觀上的判別方法請參考 p.107 的檢索表。

依發生的規律來分。植物病害依發生的規律可分為「風土病害」（endemic disease）、「偶發性病害」（sporadic disease）與「流行性病害」（epidemic disease）等三者。風土病害指的是該病害連續、規律不斷在同一地區發生。由於具有規律性，因此風土病害的發生為可預期而易做好防

治工作。偶發性病害指的則是該病害發生的時間和地區不規則，因此也較難以預期，且偶有消失後又復發的情況。而流行性植物病害，則是原本像風土病害般，但加入一或多個新的因素後，病害的發生變得更為普遍且劇烈，使損失巨大。

每一種植物病害都有其特有的症狀。在外觀上，植物發生病害的病徵可分為：變色、穿孔、萎凋、壞疽或局部死亡、矮化或萎縮、腫大、器官變形或置換、木乃伊化、習性改變、器官破壞、器官基部離層脫落、贅生及畸形、分泌、腐敗等數種形態[9]。

被昆蟲嚴重啃食的作物。

植物蟲害的定義、類型與特徵

植物因為昆蟲或動物的取食，而造成其生長與發育不良、外觀上有明顯異常現象，則稱為植物蟲害。依取食方式的不同，可將造成蟲害的病原分成兩大類[10]——

直接啃食植株本體（如葉、莖、根等）的噬害型病原。可進一步分為啃咬植物地上部位，使得蟲害症狀出現在葉、花、芽、新梢、果實等而造

受到蚜蟲（莖上的灰藍色蟲體）寄生的植株。

感染紅蜘蛛的植株（葉片上的紅色小點即為蟲體）。

受到介殼蟲（圖中淡褐色顆粒狀蟲體）寄生的植物葉片。

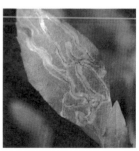

受到地圖蟲（潛葉蠅幼蟲）寄生啃食組織的葉片。

成危害者，如毛蟲、豔金龜成蟲、蝸牛、蛞蝓、潛葉蠅（地圖蟲）、蝗蟲等；以及啃咬植物地下部位，使得蟲害症狀出現在根部，導致根部腐爛，進而影響植株地上部分者，常見者包括豔金龜幼蟲、線蟲等。

吸食植株汁液的吸汁型病原。 寄生於葉、花、芽等部位，吸食植物的汁液，使株體（如葉片）出現褪色甚至白色的斑點狀或細線狀，最終造成植物生長狀況不良。吸汁型的病原通常為體型小的寄生性昆蟲，如薊馬類、蚜蟲類、粉蝨類、葉蟎類（紅蜘蛛）、介殼蟲類、椿象類、蟬類、葉蟬類等。

植物病蟲害發生的原因與在魚菜共生系統上的防治對策

植物病蟲害發生的原因，可以細分為「主因」、「起因」與「誘因」。主因是病原或害蟲必須要存在，起因則為植物的本質是否易受到病原害蟲之侵害，而誘因則為環境是否不利於植物，卻適合病原害蟲的生長繁殖。三個因素如果小且無交集，甚至任何一個因素並不存在（如環境中並不存在於病原，或環境並不利於病原生長），則不會發生病蟲害；而若三個因素擴大，使交集產生，則就會引起病蟲害。既然植物病蟲害的發生一定有其原因，那麼，要防治其發生，自然就得從這些因素來著手。以下將逐一概述在魚菜共生系統運作過程中，防治植物病蟲害的有效方法。

植物生長過密也容易誘發疾病，因此在日常管理時，需視狀況進行適當的修剪，並維持環境的通風。

種子的催芽與育苗只要在疫病控制良好的環境中進行，就能得到健康的無病苗。

① 選購健康的植苗

預防重於治療，要降低植物病蟲害的發生，就需儘量避免引入病原。魚菜共生系統中的作物來源若為自專業育苗商而來的苗株，必須注意苗株本身的健康狀況，避免選擇外觀上有蟲咬、株體虛弱或有任何病徵者。

② 自行培育健康無病苗

如果環境空間適合，可以購買種子來自行催芽與育苗，並在育苗場所作好病原害蟲的防堵工作以獲得健康無病的苗株。

③ 直接針對病原害蟲的處理

顧及到對魚隻與微生物系統的毒性，以及對人類健康所造成的潛在影響，化學農藥在魚菜共生系統中是絕對不能使用的。要驅趕、殺除、誘捕害蟲，就必須選用無毒的、天然的方式，例如防蟲網、天然殺蟲劑、微生物製劑、黏蟲紙、誘蟲器等。必要時，也可直接採用噴水、捏死、刷除、修剪等方式來除去害蟲。此外，修剪作物枝葉的工具建議要消毒，避免微生物病原藉此傳染開來。利用蜘蛛、螵蟲、螳螂、草蛉等的生物防治法，也可應用於魚菜共生系統之中。

針對植病起因的防治對策，則需透過選擇抗病性、耐病性較高之作物種類與品種進行栽培。而針對植病誘因的防治對策，主要就是營造適當的栽培環境，與進行適當的管理工作。大致上，魚菜共生系統作物栽培區的營造與管理工作，包括[*11]：

01 在作物區旁邊使用昆蟲誘黏劑可以吸引與黏捕蚊蠅等昆蟲。02 費洛蒙誘捕罐屬於無毒的去除害蟲方式之一。03 誘蟲黏紙。04 瓢蟲會捕食蚜蟲，是生物防治法的絕佳範例。05 草蛉。06 廠商所開發出來之天然植物保護劑。

- 注意栽培環境的衛生狀況。
- 妥善處理前作採收後之剩餘植物體。
- 環境保持通風。
- 適當修剪作物。
- 勤於觀察作物生長狀況。
- 有狀況時立即處理，切勿拖延。
- 注意天候狀況。

　　關於植物病蟲害，在此僅就基本概念作介紹。若對植物病蟲害想要有更多的認識，建議讀者們進一步參考專門的書籍資料。

適合魚菜共生的植物

　　由於現代化魚菜共生系統中的作物大多是採用水耕栽培法進行種植，因此作物需是適應水耕環境者。如果魚菜共生系統是設置在容易受到季節、氣候、溫度等影響的環境裡，則在選擇作物時就需考慮作物的適時性。原則上，只要技術性能夠以水耕栽培法栽種的植物，在適合的季節裡就能在魚菜共生系統中種植。

　　根據 Love 等人（2014）的調查研究，在他們的調查對象中，最常

被種植在魚菜共生系統中的植物包括香料植物如羅勒（basil）、香草（herbs）、椒類（peppers）等；番茄（tomato）、葉菜類如沙拉用生菜類（salad greens）、萵苣類（lettuce）等；茄瓜類如小黃瓜（cucumber）、茄子（eggplant）等，還有草莓（strawberry）等水果，種類繁多。由於系統在設置初期的養分累積較少，因此建議選擇需肥量較低的作物，待系統成熟且養分累積足夠後，再選擇需肥量較高者。此外，依當時的時節和氣候來選擇合適的植物種類，也是施作者的基本認知。

選擇的作物種類，也會跟使用的水耕栽培系統樣式有關。使用介質床式栽培系統的話，可以種植大部分的作物，甚至是根莖類的作物。此外，除了種植單一作物，介質床還適合用來混植，即同時種植多種不同種類、不同高度的作物。使用養液薄膜法或深水式的栽培系統，則受限於栽培管（板）上的孔洞數量和尺寸，常被應用來種植單一種作物。這兩種栽培法，若被使用於種植結果類作物（如番茄），則需注意作物根系在管內（或浮板下）水流是否會出現阻塞、作物莖葉部分尺寸是否過大而需額外進行株體的支撐。

＊1～4 參考資料：柯勇，2006，參見 p.132。
＊5 參考資料：尤崇魁，1997；蔡尚光，1988；2013，參見 p.132。
＊6 參考資料：柯勇，2006，參見 p.132。
＊7 參考資料：Naylor et al.,1999，參見 p.132。
＊8～10 參考資料：柯勇，2003，參見 p.132。
＊11 參考資料：Somerville et al., 2014，參見 p.132。

番茄。

草莓。

羅勒。

香草類是魚菜共生系統中最常種植的作物之一。圖為薄荷。

萵苣。

NOTES

第 11 章
系統的整合與運作

魚菜共生系統的運作貴在「平衡」二字。為了讓魚、微生物和植物三者平衡地在同一個系統中互相支持，讓彼此能順利生存進而健康成長，每位魚菜共生系統施作者都必須對各種條件拿捏得當。本章將告訴讀者如何在系統裡把三者整合在一起，才能達到平衡與運作的最佳化。設立一個新的魚菜共生系統，與進行魚菜共生系統的日常管理工作同樣重要。

魚菜共生系統各部分的整合

魚菜共生系統的平衡概念很簡單，但要達到卻很困難。不過，現代化魚菜共生已在國外運作研究多年，並累積了許多有用的資訊。關於魚菜共生系統各部分之整合與比例關係，也已建立了不少具參考價值的數據，故將整理描述於下。特別提醒，以下所提的數據雖然可以作為參考，但仍會受到許多變數的影響，例如魚的種類與大小、植物種類及其對養分的需求、環境溫度氣候、魚飼料的營養成分（蛋白質含量）等。因此，在以這些數據為基礎完成魚菜共生系統的規劃與設計後，還需視魚隻和植物的生長、水質等實際狀況來進行微調，才能找出一套最適合該系統的條件。

作物種植區、魚隻餵食量與魚隻數量的比例關係

使用餵食率比（feed rate ratio）來推估系統各部分比例，是最常用的方式（參見 p.15）。如果種植的是葉菜類的植物，則餵食率比的建議值為 $40 \sim 50$ g/m²/day，即每 1 平方公尺種植面積的狀況下，每日投餵 $40 \sim 50$ 公克的飼料給魚類；而如果種植的是會結果實的植物，則餵食率比建議值為 $50 \sim 80$ g/m²/day[*1]。而 Rakocy 等人（2006）的 UVI 系統中，則將餵食率比提高至 $60 \sim 100$ g/m²/day。一般來說，每 1 平方公尺的種植面積，可以種植 $20 \sim 25$ 棵葉菜類植物，或是 $4 \sim 8$ 株結果類植物。因此，在設計魚菜共生的系統時，就須先對作物的收穫量有預期的目標，始能換算出所需的種植面積，以及所需投入的魚隻餌料量。平均來說，魚隻的每日攝食量約為其體重的 $1 \sim 2\%$（但需注意的是，體型愈小的魚，攝食量占其體重的比例愈高）。因此，

知道要投餵多少的餌料量之後，就能再進一步推算出需要飼養多少重量的魚隻來將這些餌料食用完畢。下方舉的是參考自 Somerville 等人（2014）書中例子，可從中看出施作者如何以預期達到的收穫成果來計算出系統規模。

魚槽水量與魚隻數量的比例關係

魚槽的大小除了影響著魚菜共生系統的總水量之外，也會影響魚隻的健康狀況。過小或過於擁擠的空間會使魚隻受到壓力，此可能會造成魚隻不健康、易發生疾病、生長被抑制，甚至死亡。因此，魚槽中魚隻的密度不宜無限制地提高。一般建議，每 1 噸的水量中，魚隻的總重約在 10 ～ 20 公斤之間最恰當。若想提高魚產量且施作者經驗豐富而勤於管理，則魚隻密度可提高到每噸水飼養 60 ～ 120 公斤的魚隻總重，但風險較高。一般而言，在每週不間斷收穫 25 株萵苣的下述範例中，需飼養 10 ～ 20 公斤的魚來每日將 200 公克的魚飼料進食完畢，而這些魚就適合被飼養在 1 噸的水體當中。

過濾系統所占的比例

魚菜共生系統中的過濾系統究竟該要多大才夠？這取決於投餵的餌料量（與魚量）、總水量與濾材的種類等因素。

預期：

1. 每週都可以收穫 25 株萵苣 ；
2. 萵苣從定植到採收，約需 4 星期的時間；
3. 故要每週不間斷地均能收穫 25 株，即系統中共需要有 100 株的空間。

所需種植面積：

1. 每平方公尺可以種植 25 株；
2. 100 株的萵苣需要 100/25 = 4 平方公尺的種植面積。

每日所需餌料量：

1. 種植葉菜類作物，餵食率比建議值為 50 $g/m^2/day$，即每 1 平方公尺種植面積，需每日投餵 50 公克的飼料給魚類；
2. 種植面積 4 平方公尺，則每日需投餵 50×4 = 200 公克的飼料給魚隻。

系統中的魚隻重量：

1. 魚隻的每日攝食量約為其體重的 1 ～ 2%；
2. 要每日能把 200 公克飼料進食完畢，需要飼養 200/（1 ～ 2%）=10 ～ 20 公斤的魚隻。

過濾系統分為物理性過濾和生物性（微生物）過濾兩部分（參見p.28～30）。若系統使用深水式和薄膜養液式的作物栽培法，就必須設置獨立的物理性過濾槽，其水體容積通常占魚槽總容積的一至三成左右。而系統中生物性過濾的部分，槽體內通常會放置適合培菌的濾材。不同種類的濾材，其表面積容積比不同，常使用者像是火山岩、發泡煉石等。根據經驗，若使用火山岩或發泡煉石作為生物性過濾的濾材，則投入魚槽的每公克飼料，就需要1公升的濾材來進行處理。如使用 1 噸的水體來飼養 10～20 公斤的魚，並每日投餵 200 公克的飼料，則系統中物理性過濾槽的建議水量約需 100～300 公升，而生物過濾槽中則需要使用 200 公升左右的火山岩或發泡煉石作為濾材進行培菌。

建立魚菜共生系統之步驟

系統硬體的規劃與架設

施作者決定了作物的預期收穫量後，就能推估出作物的種植面積、投餵的餌料量、魚隻數量、魚槽和過濾槽的大小與水量等重要資訊。緊接著，就可以著手來進行系統的設計規劃以及硬體配件的選購與組裝等工作。硬體架設好之後，所有的槽體都得先裝滿水並開啟循環，除了觀察水流是否順暢外，也要確認沒有漏水或堵塞的狀況。若在植床式作物栽培槽中使用自主虹吸裝置時，也需在此時確認虹吸現象的運作是否順利。

系統的起始化

所有系統的硬體都架設好之後，要讓系統運轉數週至一個月的時間，除了確保水流順暢無異常，還需在這段時間內讓系統「起始化」（system initiation；亦有文獻將此步驟稱為「系統循環」，system cycling）。之後，才能真正開始種菜和養魚。

魚菜共生系統的起始化，指的是在引入魚和作物之前，先在系統中培養足夠的微生物。若魚菜共生系統能順利地起始化，則在引入魚和作物之後，馬上就可以讓魚菜共生的運作進入軌道；但若系統尚未起始化（微生物群落還未建立），就急著引入大量魚隻和作物，則魚隻排出的尿糞會不斷累積，直至濃度高到毒死自己，作物也會因為遲遲等不到養分的供給而生長不良甚至枯萎死亡。

新建系統的起始化就是培養足夠的微生物，尤其是硝化細菌。因此，除了要營造適合硝化細菌的生存環境之外（參見 p.88），還要提供它們足夠的食物。氨態氮就是硝化細菌的食物，也是讓魚菜共生系統能起始化的關鍵因子。在穩定運作的魚菜共生系統中，魚隻尿糞即不間斷地提供硝化細菌所需的食物。但在新建系統中，我們必須先使用外源性的氨態氮來作為硝化菌的食物。常用者包含氨水（ammonium solution，即 NH_3）、氯化銨（ammonium chloride；NH_4Cl）等遇水後可極易解離出氨態氮的化學物質，少量的水產物屍體（魚屍、蛤

蠣屍等），或是直接在系統中先置入極少量的魚。人尿也可以拿來作為氨源以起始化魚菜共生系統，但需注意其來源，以及其提供者是否有服用藥物的紀錄，以避免藥物殘留的問題。在投入外源性氨態氮之後，一定要搭配水質的檢測，尤其是含氮營養鹽與 pH 值，如此才能即時了解系統的起始化是否順利。系統起始化的過程大致上如下[*2]：

- 在確定系統沒有魚和菜的狀況下，投入外源性氨態氮，使系統水體中氨態氮的濃度高達 1 ～ 5 ppm。
- 若逐日觀察到水中氨態氮濃度開始降低，pH 值也開始降低，則代表由亞硝酸單胞菌（Nitrosomonas）所進行的硝化作用已經開始。
- 接著，亞硝酸開始在水體中出現（大約在加入外源性氨態氮的 5 ～ 7 天之後），濃度也增加；此時，如果沒有再繼續添加外源性氨態氮，那麼它在水體中的濃度就會開始降低。
- 在第 10 ～ 14 天左右之後，硝酸鹽開始出現在水體中，其濃度會隨著時間增加而提高。此即硝化菌已在進行硝化作用。
- 當水中氨態氮和亞硝酸鹽的濃度都接近於零，而硝酸鹽濃度則不斷地提高，則起始化已完成。此時，可以開始引進魚和植物到系統中了。

關於植物

在新建系統起始化之後，就可以準備引入植物了。剛開始，水體中的養分還不足，植物會生長較慢，也易出現某些營養元素缺乏的症狀。這個現象會持續數週甚至數個月。不過，大部分有經驗的魚菜共生施作者們都一致同意，只要系統水體中的養分累積足夠，植物生長的速度會加快，甚至會比土耕種植者還快。這通常需要花上數個月甚至半年以上時間耐心等待。

① 育苗與移植

育苗就是先將種子培育成小苗，再於適當的時機移植或定植到田間、花圃或盆缽之中。無論是施作養液式的純水耕栽培，還是透過魚菜共生系統來栽培水耕作物，通常希望定植到栽培系統裡的植株能夠在極短的時間之內就適應並持續生長。透過事先育苗的方式，可以先把體質較弱的苗株淘汰，只保留強健、根系發展健全者，以增加植物在栽培系統中存活並持續生長的機會。在環境適宜的狀況下，栽培的成功率往往可達到將近百分之百。

對於日後將進行水耕栽培（包含採魚菜共生者）的作物，建議直接在非土壤介質中進行育苗。常用的育苗介質包括岩棉（rockwool）、泥炭土（peat）、椰纖（coconut fiber）、蛭石（vermculite）、珍珠石（perlite）等。它們可以單獨使用，或是混合使用。育苗時，取一大小適當的市售育苗盤（也可以是保麗龍、塑膠盒等居家容器，但需在底部均勻地戳出數個排水孔），大小視欲育成的苗株數量而定。

01 蛭石。02 珍珠石。03 椰纖土。04 鋪上混合介質的育苗盆。05 先以細棒（如筷子）在介質上挖一至數個洞，以待播種。06 播種時，將種子小心播入事先挖好的洞中後覆土。07 已播種之育苗盆可透過底部浸泡的方法來給水。08 使用栽培棉來催芽育苗時，需將種子置於棉上的孔隙中。09 育於栽培棉上的萵苣苗。10 待苗株長出三至四片本葉且根系健全後，即可移入魚菜共生系統中。

在床上鋪上一層約 5 ～ 10 公分左右的介質，並輕敲使其紮實。緊接著就可以進行播種的工作了。視作物的種類不同，播種前也許需要進行種子的前處理；在播種後，得視種子是否對光有嫌惡性而適當地覆土。關於不同作物的育苗方式，請自行參考相關書籍資料。最後，請記得提供種子足夠的水分。供水的方式，可以使用噴霧的方式將水分由上方提供，或是將育苗床置於另一已裝水容器中，讓介質透過育苗床底的排水孔由外向內吸收足夠的水分。相對於前述介質，栽培棉是育苗時更方便的一個介質選項。栽培棉是一小塊具有吸水能力的市售泡棉狀產品，只要將種子置於棉上的小縫上，並置於裝水的淺盤內，栽培棉自然會將水分上吸而維持棉體溼潤。種子由播種至發芽的時間，視植物的種類不同而定。在發芽之後，就必須要提供適當的光線給苗株，以利其繼續生長時所利用。

種子發芽後，幼莖上會有兩片小小的葉狀構造，稱為子葉；而後苗株繼續長出的葉子，則稱為本葉，本葉也就是該植株日後真正的葉子。一般而言，當苗株長出第三至四片本葉之後，根系的發展應該也已經相當完整，這時也就是可以進行定植的最佳時機了。

在土壤中進行魚菜共生系統作物的育苗並不是一個好主意，原因如下：

• 使用的土壤來源可能不明，或無法確定來源處是否受到汙染。

• 土壤直接接觸水體後，會釋出有機物質或非有機物質，進而影響水質。

• 土壤若含有有機質，直接進入水體後可能會造成微生物過度孳生，使得水體酸化，溶氧降低。

• 原本生長於土壤中的作物根系可能會無法適應水耕環境，而需要一段時間的馴化。

• 土壤常帶有造成植物病害的病源。

如果真的要將種植於土壤中之作物移植到魚菜共生系統中的話（包括在土壤中育苗者），在移入苗株之前一定要進行「洗根」（將根系上所有的土壤清除乾淨），過程中還需避免造成根系的受傷。洗根完畢之後，再使用新的非土壤介質將之重新種植於系統中，接觸系統的水體，並等待植株適應新環境。事實上，洗根對植物本身會造成不小的傷害；若洗根不夠徹底，對系統的水體又會造成影響。因此，倒不如從一開始就使用非土壤介質來育苗來得方便得多。

育苗完成後，就可以挑選健康者並把它們移植到魚菜共生系統中了。如果系統使用的作物栽培法是植床

一般而言，較不建議直接使用土耕苗（育苗於土壤中之苗株）於魚菜共生系統中。

01　　　　　　　　02　　　　　　　　03

土耕苗的洗根步驟：01 將苗株連土一起脫盆。02 小心地以清水浸泡沖洗掉黏附在根系上的所有土壤，避免傷害到任何根系。03 已洗根完成的植物。

式，則只要將植床上的介質撥開一個洞，並將苗株移入後，再將介質撥回覆蓋根系即可。需注意的是，苗株根系（最下緣）一定要能夠接觸到水體（虹吸進行前的最高水位處），但也不宜種植太深而使莖葉都浸泡在水體之中。

若系統是採用深水式與薄膜養液法式的作物栽培法，則苗株在移植入系統時，通常會需要盆子（網盆）或類似的資材來支撐植株，並讓根系可長出盆底而與水體直接接觸。苗株自育苗盤中移出後，先置於網盆內，四周空隙以發泡煉石或火山岩等介質填充紮實。若苗株根系夠長，則此時可小心將根系輕拉出網盆底，使植株（連同網盆）在插入栽培板或栽培管上的孔後，其根尖末端可以接觸得到水體。若苗株的根系不夠長，或緊附著在育苗介質上而不易穿出網盆底部，則在將苗株種入網盆並一同插入栽培板（管）的孔之後，需確保栽培系統中的水位高度要能夠接觸得到網盆內的介質。

② 作物收成

施作魚菜共生系統時，作物的採收與種植計畫有直接的關係。魚菜共生系統水體中的養分，由魚產出，藉菌（微生物）轉化，予菜吸收，三者在系統中所達成的平衡，與養分在水中的濃度有極大的影響。簡言之，在魚和菌之作用不變的情況下，若有較大量作物存於系統中時（亦即作物採收前），水體中的養分會較低；而當作物數量在短時間內驟減（即如作物被採收之後），則水體中不斷產生

有完善的種植計畫，才能如預期般收成品質良好一致的作物。

的養分會因為未被作物吸收而逐漸提高濃度。當養分濃度在短時間內發生驟變，會對系統中的魚隻造成緊迫，不可不慎。

魚菜共生系統作物的種植與採收規劃通常有三種[註4]——

交錯收成（staggered cropping）。 交錯收成是最常被採用於魚菜共生系統中的作物種植與收成方式。簡單來說，其就是在系統中同時間種植不同成長階段的作物。舉例來說，萵苣葉菜類從定植至採收，約需四週時間。因此，如果把作物的栽培區分為四區，每週於其中一區種植一批新的苗株，則在運作過程中的任何一個時間點，系統上都同時存在有四個不同生長階段的萵苣。採用交錯收成好處很多，首先，作物的生產不會間斷，作物的收成也不會對系統水體中含氮鹽類與其他養分元素的濃度造成大幅度的變動，同時也能降低採收動作對魚隻造成的緊迫性。

交錯收成常被應用於可常態性生產且可短期收成的葉菜類、香草類等作物。收成時，作物需連根一同自系統中取出。若殘根留在系統中腐爛敗壞，反而對系統造成負擔。取出後的植株，可把根切除並另行處置利用（例如製成堆肥），莖葉部則需盡快良好保存。

整批收成（batch cropping）。 整批收成適用於季節性作物，或生長期較長的作物，例如茄瓜類（番茄、小黃瓜等）。在種植與收成期間僅採收其產品（如果實），對植株本身並未進行大規模移除的動作，直至收成期結束。

間作（intercropping）。 間作即是綜合前述兩者，在魚菜共生系統中同時種植可短期採收的葉菜類等作物，以及生長期較長的茄瓜類作物。由於兩者的生長速度和採收計畫不同，生產收成的規劃較富彈性，產出的產品較多樣，並且對系統水質影響也較不明顯。

關於魚隻

① 餵食魚隻

剛才前面我們提到，魚隻的每日攝食量約為其體重的 1 ～ 2%，此數

在同系統中同時種植不同生長階段的作物，是確保作物可連續收成的方法之一。

由國內魚菜玩家鄭勝雄先生所發明的列車式家庭魚菜共生系統，即是在系統中種植不同大小的作物，整齊排列如火車般而得名（攝於 2015 年的台北植物工廠展）。

在魚菜共生系統中種植番茄，期間僅採收其果實，直到收成期結束。

字是針對成魚而言。通常，體型小或年紀尚輕的個體，其攝食率會稍大於這個數字，例如 3%。不過，牠們體型小且體重輕，因此實際投入系統中的餌料量其實還是相對不多。

在計畫魚隻的餵食時，建議將每日的飼料量分為 2 ～ 3 等分，分別於早（中）晚各投餵一次。人員儘量避免有過大的動作，以免使魚隻受驚拒食。投餌時，將魚飼料均勻撒播在水面各處，以利所有魚隻都能吃到。投餵飼料是觀察魚隻健康與活力狀況的最好時機。生病、受傷、受到緊迫的魚隻，食慾會明顯降低，因此索餌行為會下降，甚至長時間躲在水下一角不動。最後，投餌量仍極有可能得在運作過程中視魚隻實際的攝食狀況進行修正。原則上，投入的餌料都要讓魚在 30 分鐘之內全部進食完畢。如果投下的飼料在 3 ～ 5 分鐘內就被搶食完畢，下次餵食時可以稍微再加量；而如果投餵後 30 分鐘仍有許多未被進食完畢，除了儘快撈除殘餌外，下次餵食時則需減量。

② 魚隻收穫

在一定的飼養空間裡，最初飼養的魚隻數量愈多，之後可以收成的魚產量也愈多。但當魚隻密度高到某個程度時，反而會因為過於擁擠而抑制了魚隻的生長。就算是持續地投餵飼料，其體型的增大與增重仍然變得緩慢甚至停滯。這反而造成魚隻的產量（魚隻總重）無法往上提升。在一個養殖系統中，以魚隻成長沒有受到限制為前提，系統所能生產的最大魚產量，稱為「關鍵可收穫量」（critical standing crop）。在高密度水產養殖的系統之中，水產物的密度愈接近關鍵可收穫量愈佳，不僅可以節省空間效益，也有最大的魚產量。在先前所提到的，每一噸的水宜飼養總重 10 ～ 20 公斤的魚隻，就是常被套用的關鍵可收穫量。

就跟作物一樣，魚隻最初的飼養與收穫也要妥善規劃，以免水中營養元素濃度變動過大。常被應用在魚菜共生系統中的魚隻飼養與收成計畫，至少有以下幾種類型[*4] ——

交錯蓄養法（staggered stocking method）。也被稱為「連續養殖法」（sequential rearing）。跟作物的交錯收成類似，魚隻的交錯蓄養法即是在系統運作的過程中，陸續在不同時間點引入新的魚苗，並將已達收成體型的個體移出。在此舉一個 Somerville 等人（2014）著作中所提供的例子：一隻吳郭魚苗體重約 50 公克，而其成長至可收成之體型（500 公克）約需飼養 6 個月；因此，若一個新建好的養殖系統在 12 月開始運轉並引入 30 隻吳郭魚苗時，則此批魚苗在隔年的 6 月即可收成。而交錯蓄養法，就是除了最初於 12 月引入一批（30 隻）魚苗之外，也陸續每 3 個月（即隔年的 3 月、6 月、9 月、12 月等）各引入一批（30 隻）魚苗於同一魚槽中。利用這種方式，此魚槽可在系統設立好後之隔年 6 月開始，每 3 個月（即 6 月、9 月、12 月等）即可收成 30 隻

採用交錯蓄養法的系統其魚重變化示意圖

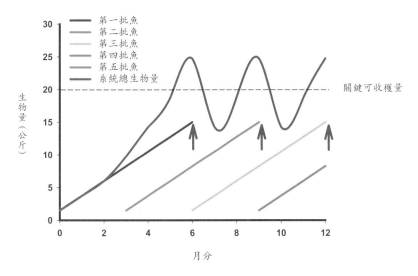

第一批魚
第二批魚
第三批魚
第四批魚
第五批魚
系統總生物量

生物量（公斤）

關鍵可收穫量

月分

（總重 15 公斤）已達收成體型的吳郭魚。在系統剛建立好後的初期，魚槽中的魚隻總重較低；但之後魚槽中的魚隻總重就會維持在一個規律的變動範圍內。

使用交錯蓄養法作為魚隻飼養計畫有幾個要注意的地方。由於這意謂著在同一個魚槽中會同時存在著一至三個不同成長階段與體型的魚隻，如

吳郭魚雄魚有很強的領域性並會占據一方，需選擇大小相當的個體才能整群飼養在同一魚槽中，否則就得依尺寸大小進行隔離。

果飼養的魚類是領域性較強者（如吳郭魚），則建議在魚槽中使用小型箱網，先將體型過小的個體隔離飼養，待其體型夠大而能夠承受較大個體的壓力後，再釋出於箱網外。另外，使用交錯蓄養法時，需要每段時間就新進一批魚苗，因此還需考量到魚苗的取得能否順利。在收成體型夠大的魚隻時，可能會驚嚇到將繼續飼養於同一槽中的個體，需要多加留心。最後要提醒的是，每一次收成時都有可能會因為疏忽而漏掉少許應該要捕撈到的大體型個體，而這些被遺漏而未被捕撈的個體在時間累積下會造成槽中魚重、飼料量、空間密度等數值計算上的誤差，甚至影響整個飼養收成計畫。

累進收成法（progressive harvest）。累進收成法即是在最初就引入大量的魚苗於魚槽內，並隨著魚隻的

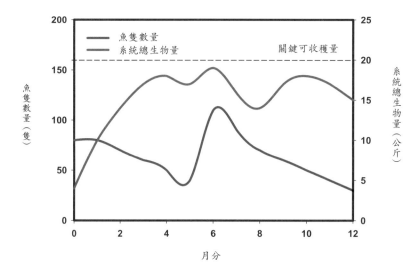

採用累進收成法的系統其魚重變化示意圖

成長與體型的增加來陸續收成。魚隻的數量和密度逐漸降低，但尚在槽中的個體得以不斷成長，故魚隻總重仍然是增加的。接著，在前一批魚隻全數將被收成完畢之前，再適時地引入一批新的魚苗進行飼養，如此而循環不已。同樣以吳郭魚為例[*5]，在 12 月時於魚槽中一口氣引入 80 隻魚苗（每隻約 50 公克），並讓牠們在隔年 1 月時達到每隻約 125 公克的大小。累進收成法即是從隔年 2 月開始，每個月移出 10 隻個體，直到此批魚隻都被收成完畢為止（7 月）。但在收成完畢之前，必須先於 6 月重新引進另外一批（80 隻）魚苗進行飼養。也就是說，在一年當中，僅需設法取得兩次魚苗，每半年一次。使用累進收成法飼養與收成吳郭魚，除了在新系統剛設立好的初期（約前 2 個月）槽中魚隻總重較低之外，之後（在同樣

的例子中，約是從第三個月開始）槽中魚隻總重的變動也都將維持在固定的範圍之內。

母群分離（stock splitting）。 採用母群分離法時，系統中需事先設置至少兩個相同大小、彼此有串聯而水質相同的魚槽。一開始，即於其中一個魚槽中引入大量的魚苗進行飼養，並觀察記錄其成長狀況（此時，另一個槽中還沒有魚），飼養期間並不收成。直到槽中的魚隻總重接近或已達關鍵可收穫量（例如每噸水中含有 20 公斤的魚重）時，則將一半的魚隻移出至另外一個魚槽，使兩槽中的魚隻密度降為原本的一半後，再繼續進行飼養，直到所有魚槽中的魚隻都已達收成體型為止。採用母群分離的飼養收成計畫，需要避免或減少移動魚隻時所可能造成的損傷（包含身體傷口、驚嚇、緊迫等）。

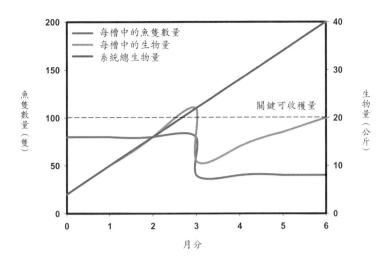

採用母群分離法的系統其魚重變化的示意圖

多重養殖單元（multiple rearing units）。多重養殖單元法在概念和操作上有點類似前述的交錯蓄養法，但需事先於系統中設置數個大小不同，但彼此有串聯而水質相同的魚槽。一開始，先將新購入的魚苗飼養於最小的魚槽之中，待其成長至接近或已達到該魚槽的關鍵可收穫量時，遂將整批魚苗移入另一個更大的魚槽中繼續飼養。此時，最小的那個魚槽，就可以再迎接一批新的魚苗。接著，當最早的那批魚又更大時，便再度整批移至最大的魚槽中；而此時，第二批魚苗也長大了一些，則可以往前一步移至較大的魚槽中，空出來的小魚槽則可繼續迎接第三批魚苗。

魚菜共生系統的管理工作

採用魚菜共生的方式來生產作物和漁產時，過程中絕對需要進行維護管理的工作。以下將列出基本魚菜共生系統的日常維護管理工作項目，但細節仍需視各個系統的實際狀況進行增減與微調[※6]。

每日的工作

① 檢視水流和供氧（打氣）是否順暢，視情況清理管路內壁可能造成阻塞的穢物。
② 檢視各槽體的水位，如有需要，視情況添補新水。
③ 檢查各槽體、管路有無破裂、漏水的情況。
④ 檢查水溫。
⑤ 餵食魚隻（每日二至三次），半小時後將未進食完畢的餌料移除。

⑥ 趁餵食時觀察魚隻活力、索餌意願。

⑦ 檢視作物生長狀況，並視情況進行作物管理工作（如整枝修剪等）。

⑧ 檢視作物的病蟲害狀況，並視情況進行處理。

⑨ 移除死亡的魚隻與病死作物。

⑩ 視情況略為清洗過濾裝置（如排出沉澱桶內汙泥、清洗生化過濾材等）。

每週的工作

① 檢測水質（pH、含氮營養鹽類濃度等）。

② 若 pH 不適當，視情況逐步進行調整。

③ 檢查作物的生長狀況，評估是否出現營養元素缺乏的徵兆。

④ 檢查魚槽和生化過濾槽底部是否有淤積的固態沉澱物，若有，則需進行處理（如利用虹吸管吸除等）。

⑤ 視情況收成作物。

⑥ 視情況收成魚隻。

⑦ 若使用養液薄膜法來栽培作物，需檢查作物根系是否會造成栽培管管內的阻塞。

每月的工作

① 依照飼養收成計畫引入新魚。

② 徹底清洗過濾裝置。

③ 徹底清理魚槽。

④ 檢查魚隻是否出現魚病。

魚菜共生系統的安全管理

魚菜共生系統的施作首重安全性。其運作的過程中使用到水和電，若發生漏電情形，對魚對人都會造成莫大的傷害。因此，魚菜共生系統的用電安全需要絕對注意。再者，大部分魚菜共生系統是為了生產出可供人食用的作物，因此食品的安全也必須注意。操作管理時，儘量穿戴手套與防護裝備，修剪採收的工具用畢需洗淨消毒，並且避免系統的水直接接觸到作物的莖葉部。設置系統的環境需定期清理以維護整潔，並隔絕野生動物（含野貓、野狗、鼠類、鳥類等）的接近，以避免病源進入系統。除此之外，設置與運作魚菜共生系統需注意的安全性問題，尚包括器材工具需放置妥當，避免誤傷人員；水槽需加蓋，避免孩童不慎跌落；準備醫藥箱，以供人員不慎被工具、作物莖部、魚隻硬棘等造成傷害時緊急處理之用；運作系統時所需的化學藥品（含酸和鹼性物質）均需存放妥當，避免孩童拿取等。

＊1 參考資料：Somerville et al., 2014，參見 p.132

＊2 參考資料：Bernstein, 2011，參見 p.132

＊3 參考資料：Somerville et al., 2014，參見 p.132

＊4 參考資料：Rakocy et al., 2006；Somerville et al., 2014，參見 p.132

＊5 參考資料：Somerville et al., 2014，參見 p.132

＊6 參考資料：Bernstein, 2011；Somerville et al., 2014，參見 p.132

NOTES

附錄

參考資料

《水耕栽培實務》，尤崇魁。園藝世界出版社，1997。

《土壤生物多樣性》，王明光、江博能、楊秋忠、楊盛行、汪碧涵、陳俊宏、林宗岐、吳俊宗。國立編譯館，2010。

《作物病害與防治（修訂版）》，柯勇。藝軒圖書出版社，2003。

《植物生理學》，柯勇。藝軒圖書出版社，2006。

《淡水魚之疾病》陳秀男、上野洋一郎、郭光郁。淑馨出版社，1989。

《新版觀賞魚疾病圖鑑（中文版）》，傑洛‧巴斯利爾（Gerald Bassleer）。威智文化科技出版有限公司，2004。

《室內陽台的水耕綠化》，蔡尚光。淑馨出版社， 1988。

《水耕栽培的魅力（新修訂版）》，蔡尚光。淑馨出版社，2013。

Bernstein S., *2011. Aquaponic gardening: a step-by-step guide to raising vegetables and fish together.* New Society Publishers, Canada.

Kratky B.A., 2009. *Three non-circulating hydroponics methods for growing lettuce.* Proceedings of the International Symposium on Soilless culture and Hydroponics. Acta. Hort. 843:65-72.

Lennard W.A., Leonard B.V., 2004. *A comparison of reciprocating flow versus constant flow in an integrated, gravel bed, aquaponics test system.* Aquaculture International 12:539-553.

Lewis Jr. W.M., Morris D.P., 1986. *Toxicity of nitrite to fish: a review.* Transactions of the American Fisheries Society 115:183-195.

Love D.C., Fry J.P., Genello L., Hill E.S., Frederick J.A., Li X., Semmens K., 2014. *An international survey of aquaponics practitioners.* PLoS ONE 9(7): e102662. doi:10.1371/journal.pone.0102662.

Meade J.W., 1985. *Allowable ammonia for fish culture.* The Progressive Fish-Culturist 47:135-145.

Naylor S.J., Moccia R.D., Durant G.M., 1999. *The chemical composition of settleable solid fish waste.* (Manure) from commercial rainbow trout farms in Ontario, Canada. North American Journal of Aquaculture 61:21-26.

Rakocy J.E., Shultz R.C., Bailey D.S., 2000. *Commercial aquaponics for the Caribbean.* Proceedings of the Gulf and Caribbean Fisheries Institute 51: 353-364.

Rakocy J.E., Masser M.P., Losordo T.M., 2006. *Recirculating aquaculture tank production systems: aquaponics-integrating fish and plant culture.* SRAC Publication No. 454. Southern Regional Aquaculture Center, MS.

Randall D.J., Tsui T.K.N., 2002. *Ammonia toxicity in fish.* Marine Pollution Bulletin 45:17-23.

Somerville C., Cohen M., Pantanella E., Stankus A., Lovatelli A., 2014. *Small-scale aquaponics food production integrated fish and plant farming.* FAO Fisheries and Aquaculture Technical Paper 589. FAO, Rome.

延伸閱讀

《水質分析與檢測》（第三版），石鳳城，新文京開發出版服份有限公司，2009。

《魚類生理學》，施瑮芳，水產出版社，1994。

《硝化細菌與水族缸》，柯清水，翠湖水草栽培研究所，2003。

《魚類之營養和飼料》，荻野珍吉，國立編譯館出版，茂昌圖書有限公司發行，1986。

Ako H., Baker A., 2009. *Small-scale lettuce production with hydroponics or aquaponics. Sustainable Agriculture SA-2.* College of Tropical Agriculture and Human Resources, University of Hawai'i at Manoa.

Blidariu F., Grozea A., 2011. *Increasing the economical efficiency and sustainability of indoor fish farming by means of aquaponics-review.* Animal Science and Biotechnologies 44:1-8.

Blidariu F., Radulov I., Lalescu D., Drasovean A., Grozea A., 2013. *Evaluation of nitrate level in green lettuce conventional grown under natural conditions and aquaponics system.* Animal Science and Biotechnologies 46:244-250.

Booth M., 2013. *7 myths about aquaponics, an introduction to growing plants and fish together (3rd edition).* Coo Farm Press.

Camargo J.A., Alonso A., Salamance A., 2005. *Nitrate toxicity to aquatic animals: a review with new data for freshwater invertebrates.* Chemosphere 58:1255-1267.

Diver S., 2006. *Aquaponics-integration of hydroponics with aquaculture.* Updated by Rinehart L., 2010. ATTRA-National Sustainable Agriculrure Information Service（http://www.attra.ncat.org）.

Faircloth A.D., 2012. *Building an aquaponics system.* CreateSpace Independent Publishing Platform.

Graber A., Junge R., 2009. *Aquaponic systems: nutrient recycling from fish wastewater y vegetable production.* Desalination 246:147-156.

Hart E.R., Webb J.B., Danylchuk A.J., 2013. *Implementation of aquaponics in education: an assessment of challenges and solutions.* Science Education International 24:460-480.

Hollyer J., Tamaru C., Riggs A., et al., 2009. *On-farm food safety: aquaponics. Food Safety and Technology FST-38.* College of Tropical Agriculture and Human Resources, University of Hawai'i at Manoa.

Kotzen B., Appelbaum S., 2010. *An investigation of aquaponics using brackish water resources in the Negev Desert.* Journal of Applied Aquaculture 22:297-320.

Licamele J., 2009. *Biomass production and nutrient dynamics in an aquaponics system.* Ph.D. thesis, Department of Agriculture and Biosystems Engineering, The University of Arizona.

Lorena S. Cristea V., Oprea L., 2008. *Nutrients dynamic in an aquaponics recirculating system for sturgeon and lettuce (Lactuca sativa) production.* Zootehnie si Biotechnologii 41:137-143.

Pade J.S., Nelson R.L., 2007. *Village aquaponics.* Proc. Int. Conf. & Exhibition on Soilless Culture. Acta Hort. 742.

Pantanella E., Cardarelli M., Colla G., Rea E., Marcucci A., 2012. *Aquaponics vs. hydroponics: production and quality of lettuce crop.* Proc. XXVIIth IHC-IS on Greenhouse 2010 and Soilless Cultivation. Acta Hort. 927.

Rana S., Bag S.K., Golder D., Mukherjee（Roy）S., Pradhan C., Jana B.B., 2011. *Reclamation of municipal domestic wastewater by aquaponics of tomato plants.* Ecological Engineering 37:981-988.

Stone N., Shelton J.L., Haggard B.E., Thomforde H.K., 2013. *Interpretation of water analysis reports for fish culture.* SRAC Publication 4606:1-9.

Tyron R.V., Simonne E.H., White J.M., Lamb E.M., 2004. *Reconciling water quality parameters impacting nitrification in aquaponics: the pH levels.* Proc. Fla. State Hort. Soc. 117:79-83.

Tyson R.V., 2007. *Reconciling pH for ammonia biofiltration in a cucumber/tilapia aquaponics system using a perlite medium.* Ph.D. thesis, University of Florida.

Villarroel M., Alvarino J.M.R., Duran J.M., 2011. *Aquaponics: integrating fish feeding rates and ion waste production for strawberry hydroponics.* Spanish Journal of Agricultural Research 9:537-545.

名詞解釋與索引

[三劃]

子葉　p.121

種子發芽後，幼莖上兩片小葉狀的構造。

三磷酸腺苷　p.98

簡稱 ATP（adenosine triphosphate 的縮寫），為一種核苷酸，在生物細胞內作為能量的傳遞者，具有儲存與傳遞化學能的功能。此外，ATP 也在核酸的合成中扮演重要角色。

[四劃]

水產養殖　p.6, p.29, p.32, p.76, p.85, p.124

利用天然或人造水域，計劃性放養或繁殖具有經濟價值之水產物，如魚、蝦、貝類等，並行管理環境，投餵餌料與驅除病害，讓其順利成長，最終至收成上市之事業的統稱。

水耕栽培　p.6, p.11, p.21, p.24, p.48 ～ 71, p.93, p.103, p.110

為一種不使用土壤種植植物的技術，透過富含多種植物所需養分的水溶液來提供其生長所需，並使用非土壤的介質來維持植物的固持性。

元素　p.12, p.40, p.48, p.88, p.95, p.99 ～ 103

存在於自然界中最基本的金屬和非金屬物質。它們只由一種原子組成，且用一般的化學方法不能使其分解。目前共有百餘種元素，碳、氫、氧等都是最為常見的元素之一。

化合物　p.13, p.79, p.98

由兩種以上的元素以特定的比例（莫耳比）藉由化學鍵結合在一起的化學物質。與元素不同的是，化合物可以由化學反應分解為更簡單的化學物質。

文氏管　p.31

又名喉形管，是一種流體力學研究中常用來測量流體速度的實驗裝置，也常在水產養殖時被應用來作為增氧的裝置。其構造是一個斷面截面積依序有「大－小－大」變化的圓管，其中斷面截面積最小的部分稱為喉頸部。其原理為，當水流從原有的管路流至喉頸部，因為管子的截面積縮小，在每單位時間內通過每單位截面積的水流總體積不變的情況下，會使得水流的流速增大，水壓也增加；但當水流流出喉頸部後，因為管子的截面積又放大，使得水壓下降形成負壓的狀況。因此，若在管子的此處挖一小孔，則管內因截面積變化所形成的負壓會把空氣透過小孔吸入，一起流出文氏管。是故，在文氏管的出水口端，會流出帶有無數細小氣泡的水流。

[五劃]

巨量營養元素　p.99

此指的是在植物生長時所需的營養元素之中，於植物體內含量普遍較多（占植物乾重的0.1% 以上）者，包括碳、氫、氧、氮、磷、鉀、鈣、鎂與硫等九種。

必需元素　p.99 ～ 107

此指的是植物所需者。即維持植物正常生理活動所必需或不可或缺的元素，且其不能由其

他元素取代。目前已知，植物的必需元素有碳、氫、氧、氮、磷、鉀、鈣、鎂、硫、鐵、硼、錳、銅、鋅、鉬和氯等 16 種。

本葉　p.121

植物苗株在長完兩片子葉之後所繼續長出的葉子。

母群分離　p.126

此指魚菜共生系統中魚隻飼養與收成計畫的一種方式。施行時，需事先設置至少兩個相同大小、彼此有串聯而水質相同的魚槽。一開始，於其中一個魚槽中引入大量的魚苗進行飼養。飼養的期間不進行收成。等到槽中的魚隻總重接近或已達關鍵可收穫量時，則將一半的魚隻移出至另外一個魚槽，使兩槽中的魚隻密度降為原本的一半後，再繼續進行飼養，直到所有魚槽中的魚隻都已達收成體型為止。

去硝化細菌　p.91

對多種細菌的統稱，而它們的共通點就是具有在酵素的協助之下能將含氮的化合物轉變成氮氣等氣體的能力。它們在自然界中的存在，是去硝化作用以及氮循環能夠順利運作的關鍵之一。

去硝化作用　p.14, p.91

為自然界中氮循環中的一個步驟，即在多種細菌（去硝化細菌）的作用下，將土壤或水體中的含氮化合物（如硝酸鹽）轉變成氮氣回到大氣中的過程。

去氧核醣核酸　p.13

簡稱為 DNA（其英文 deoxyribonucleic acid 之縮寫），是一種生物體常見且極為重要的長鏈聚合物。其組成的基本單位為核苷酸，由一個含氮鹼基，一個五碳糖和一個磷酸基團所構成。含氮鹼基有 5 種（但構成 DNA 則僅有其中 4 種），在排列組合之後所產生的序列就像是密碼一般，成為引導生物發育與各項生命機能運作的依據。

生物膜　p.57

對細胞間彼此聚集、沾黏並附著在物體表面之微生物的統稱。這些彼此聚集的微生物靠著自身所產生的胞外聚合物質（extracellular polymeric substance；EPS）緊黏在一起，也是因為 EPS 的存在，讓生物膜常呈現如黏液般溼滑的狀態。

生物肥料　p.93

係指人工培養之微生物製劑，在土壤中利用活體生物之作用以提供作物營養來源、增進土壤營養狀況或改良土壤之理化、生物性質，藉以增加作物產量及品質者。

生化需氧量　p.89

Biochemical oxygen demand，簡稱 BOD，即水體中的好氧菌在一定溫度下與特定時間內將水中有機物分解成無機物之過程中所需消耗的溶解氧量。生化需氧量間接反映水中有機物質的相對含量，常作為監測水域環境是否受汙染的指標。

生物性過濾　p.28, p.30, p.49, p.62, p.66, p.89, p.118

此指的是利用生物性（微生物）的原理來進行水質的過濾與處理。

[六劃]

多重養殖單元　p.127

此指魚菜共生系統中魚隻飼養與收成計畫的一種方式。先設置好數個大小不同，但彼此有串聯而水質相同的魚槽。一開始先將魚苗飼養於最小的魚槽中，待其成長至接近或已達關鍵可收穫量時，遂將整批魚苗移入另一個更大的魚槽中繼續飼養。此時，最小的那個魚槽，就可以再迎接新的一批魚苗。以此類推。

同化作用　p.14, p.103

即植物吸收氮化合物，並使用其作為植株本身所需的胺基酸、核酸、葉綠素等重要物質之原料的過程。

光飽和點　p.105

一般來說，光合作用的進行會隨著光照（光子流量）的提高而增加。然而，當光子流量持續增強到某個限度時，光合作用速率就不再隨之增加而增加，出現飽和現象。此時的光子流量，便稱為光飽和點。

光反應　p.98

是綠色植物行光合作用的其中一個步驟。整個過程由光所啟動，歷經水的光解與氧氣的產生，並藉由三磷酸腺苷（ATP）與還原型菸醯胺腺嘌呤二核苷酸磷酸（NADPH）的形成而將光能固定下來，以提供後續反應所需的能量。

光合作用　p.97

綠色植物或光合細菌利用光能將二氧化碳轉化成有機化合物的過程。

交錯蓄養法　p.124

此指魚菜共生系統中魚隻飼養與收成計畫的一種方式，也稱為連續養殖法。即在系統運作的過程中，陸續在不同時間點引入新魚苗，並將已達收成體型的個體移出。

交錯收成　p.123

此指魚菜共生系統中植物栽種與收成計畫的一種方式，即在系統中同時間種植不同成長階段的作物，讓系統裡作物的生產連續而不間斷，常用於可常態性生產且可短期收成的葉菜類、香草類等作物。

[七劃]

系統起始化　p.118

在此指的是新設立之魚菜共生系統在開始引入魚和作物之前，先在系統中培養足夠之微生物（特別是硝化細菌）群落的步驟。

附著性藻類　p.92

需固定在基質上生長的藻類。

沉澱槽　p.28 ～ 30, p.108

在循環水養殖或魚菜共生系統中一個通常設置於養魚槽之後的物理性過濾槽體。當養殖汙水流入這個槽體之後，設法讓固態廢物於此槽的水中沉降，以達淨化水質的目的。

育苗　p.60

先將種子培育成小苗，再於適當時間移植或定植到田間、花圃或盆缽之中。

[八劃]

肽　p.78

即胜肽的簡稱。當一個胺基酸單體與另一個或多個胺基酸單體以共價鍵結合在一起時，即稱為胜肽。換句話說，肽就是蛋白質的片段。從在分子組成和大小來看，肽就是介於胺基酸和蛋白質之間的物質。

表面積容積比　p.33, p.90, p.118

或稱比表面積，指的是多孔性固體物質每單位質量所具有的表面積。

固氮作用　p.13, p.103

即將空氣中的氮氣「固定」下來給植物使用的過程，是自然界氮循環中的一個重要步驟。固氮作用通常有兩條途徑，一是空氣中的氮氣會因為打雷閃電產生的能量而與氧結合形成氮氧化合物（nitrogen oxide），並隨著降雨而進入土壤與水體中；另一則是透過一群統稱為固氮菌的微生物之作用，將氮氣與氫結合而形成氨。

亞硝酸鹽　p.12, p.14 ～ 16, p.36 ～ 45, p.89, p.101, p.119

此即指亞硝酸根離子，化學式 NO_2^-。

物理性過濾　p.28 ～ 30, p.49, p.62, p.93, p.118

此指的是利用物理性的原理來進行水質的過濾與處理。

性成熟　p.76

即生物體到達可以繁殖的年齡或發育階段。生物體性成熟，意謂其生殖器官已成熟而可產生配子，並可能伴隨著體型或（與）體態外形的變化。

[九劃]

虹吸現象　p.56, p.118

虹吸現象是一種流體力學的現象。根據連通管原理，如果於兩邊等長的連通管內裝滿液體後並上下倒過來呈「ㄇ」字形，兩邊各自放入一個置於同一個平面上且也裝了液體的獨立容器中。此時，就算一開始兩個容器中液面高度不同，也會因為承受的大氣壓力相同而讓液體在連通管中由液面較高的容器中往液面較低者的方向流動，使得最後靜止時兩個容器中的液面是等高的為止。可是，如果ㄇ形連通管本身的兩邊不同高，且短管這一邊的開口高於長管這一邊的開口處，則會因為長管內的液重較重，同時短管這一邊容器液體壓回管內的壓力（大氣壓力減去管內的水壓）較大，使得水流從短管那一邊被壓向長管的那一邊，這就是虹吸現象。

致病性細菌　p.91

Pathogenic bacteria。即會造成感染的細菌。

恆高單泵浦 2 型　p.52

Constant height one pump "2"；CHOP2。為一種魚菜共生系統的設計。此設計由魚槽水位恆高型（即 CHOP）的設計衍生而出，因此被稱為 CHOP2 型。兩者最大的差別在於魚槽與魚槽溢流管口的相對高度。與 CHOP 型設計中魚槽與魚槽溢流管口必須要設置在最高的位置不同，透過泵浦出水管接法的改變，在 CHOP2 型的設計裡，兩者的高度位置只要稍高於集水槽即可，不一定要高於植床。

由脂肪酸與醇作用脫水縮合生成的酯類以其衍生物之統稱，包括脂肪、蠟、類固醇等。脂質為疏水性或雙親性的小分子，不溶於水但易溶於非極性有機溶劑。其中，又稱為三酸甘油脂的脂肪是動物體內常見的脂質之一。脂質的主要生理功能包括儲存能量、構成細胞膜、膜內外的訊息傳導等。

脂肪酸　p.78, p.102

為由碳氫氧所組成的羧酸化合物，也是一種脂類，為脂肪的主要成分。

[十一劃]

現代化魚菜共生　p.6

指的是結合現代化水產養殖與作物栽培的技術，以建構一個能同時生產魚與菜產品的封閉系統。目前主流的現代化魚菜共生系統即是結合循環水的水產養殖系統，與水耕栽培系統而成。

累進收成法　p.126

此指魚菜共生系統中魚隻飼養與收成計畫的一種方式，即在最初就於魚槽中引入大量的魚苗，並隨著魚隻的成長與體型的增加來陸續收成。

蛋白質　p.77 ～ 78

由胺基酸分子組成的有機化合物，不僅是地球上物生物體中的必要組成成分之一，也是生物細胞維持生命與進行各種生命作用時不可或缺的關鍵物質。對動物而言，蛋白質更是飲食中必需的營養物質，以藉此獲得多種自身無法製造合成的胺基酸。

桶式魚菜共生系統　p.52

一種使用數個大型塑膠桶等便宜、可資源回收的材料建構而成的魚菜共生系統。

深水式　p.25

Deep water culture technique，簡稱 DWC 或 floating raft。此指的是深水式的水耕栽培方式，使用高密度保麗龍板與栽培網盆等材料來支持作物的重量以讓其浮於水上，並僅讓根系直接浸泡在含有養分的水（即養液）之中吸收養分。在深水式栽培法中，養液的高度通常約在 10 至 30 公分之間，且作物根系幾乎大部分的區段都浸入養液之中。亦有人稱為浮筏式，是常被應用於魚菜共生系統中的植物栽培法之一。

魚槽水位恆高型　p.51

為一種魚菜共生系統的設計。在此設計中，除了魚槽和作物栽培之外，不但增加了集水槽，將泵浦設置於其內，同時也將魚槽的出水口改為高度恒定的溢流管。魚槽水位恆高型的魚菜共生系統解決了基本淹排型（FD）中魚槽水位會因為系統總水量增減而上下驟變的情形。另有恆高單泵浦型、constant height in fish tank-pump in sump tank（簡稱 CHIFT-PIST 型）、constant height one pump（簡稱為 CHOP 型）等別名。

基本淹排型　p.50

Basic flood and drain，簡稱 FD。為一種最簡單的植床式水耕栽培型魚菜共生系統。其通常只由一個魚槽、一個菜槽、一具置於魚槽中的泵浦以及些許的水管管路等硬體所構成。泵浦會把水由魚槽送往植床，並由植床底部的排水管流回魚槽之中，藉此達到循環。植床的落水，通常會使用定時器或自主虹吸裝置等硬體來製造出植床的淹排。

淹排現象　p.50 ～ 55
亦有人稱為潮汐現象，即在植床式水耕法中，設法讓作物栽培床裡的水體規律地蓄淹與排出，並不斷周而復始。如此，栽培床內的水位高度會週期性的升降，營造出宛如潮汐起伏般的現象。

細胞膜　p.78, p.101, p.102
即細胞的結構中，分隔細胞內與外的界面，通常為一個雙層的脂質構造，主要組成為磷脂質、蛋白質和少量的寡糖。

移植　p.94, p.119, p.121
Transplanting。此指的是將育苗完成的植物幼株移至魚菜共生系統之中，並使用系統水體中所含的養分繼續成長與發育。

異營菌　p.54, p.87 ～ 88, p.108
Heterotrophic bacteria。以有機物作為其主要碳源的微生物之統稱。

硫酸鹽還原菌　p.90
Sulphate-reducing bacteria；SRB。為一群會以硫酸鹽中的氧作為電子接受者，將硫酸鹽還原為硫化氫或硫離子的厭氧性細菌之統稱。

莖　p.96
植物體中介於葉和根之間的部位，具有支持葉花、傳導水和養分等功能者。

[十二劃]

過濾　p.11, p.25 ～ 31
此指設法將魚類養殖過程中造成魚菜共生系統水體中所含之大量固態與液體廢物進行引流、阻擋、隔離、沉降、去除、轉化等步驟，使流回至養殖槽的水體不含上述廢物或降低其濃度，以達到養殖生物能順利且健康生長的目的。

氮循環　p.13
在自然界的生態系統中，氮單質和含氮化合物之間相互轉換所構成的循環過程。

普力桶　p.23 ～ 24
坊間常見的橘色方桶或圓桶，材質為聚乙烯的桶槽。其尺寸多元，厚度厚，支撐性高，耐日晒。

集水槽　p.25, p.51, p.63
此指魚菜共生系統之中一個水流匯集的槽體。在許多系統設計之中，集水槽也是打水泵浦放置的位置。

間作　p.123
此指魚菜共生系統中植物栽種與收成計畫的一種方式，即同時種植可短期採收的葉菜類等作物，以及生長期較長的茄瓜類作物。

揚程　p.26
以泵浦的出水口為基準，其能夠將水向上垂直推升的最大高度。

硝化細菌　p.14, p.30, p.36, p.43, p.54, p.63, p.88, p.118

Nitrifying bacteria。會把氨轉化成亞硝酸鹽，進而再轉化為硝酸鹽之好氧性細菌的統稱，包括亞硝酸菌和硝酸菌。

硝化作用　p.14, p.62, p.88, p.119

即統稱為硝化細菌的微生物在有氧的環境中將總氨態氮轉化成另外形式的氮（亞硝酸鹽與硝酸鹽）的過程。

硝酸鹽　p.13 ～ 16, p.31, p.38, p.45, p.59, p.90, p.119

此即指硝酸根離子，化學式 NO_3^-。

循環水養殖　p.8, p.21

為一種以循環式水處理的方式來控制水體水質，使養殖生物的生產得以順利進行，並大幅減少換水需求的水產養殖方式。

植床式　p.24, p.48 ～ 59

Media bed，亦有人稱為介質床式。此指的是植床式的水耕栽培方式，也就是讓作物直接生長在鋪設滿固形介質的槽體（植床）上。在此法中，植物本身的固持性由固形介質提供，而其生長所需的養分則由養液提供。栽培時，養液必須流入鋪滿固形介質的栽培槽裡，讓其中的作物根系能夠接觸得到，並獲得所需養分以進行生長。植床式是常被應用於魚菜共生系統中的植物栽培法之一。

植物工廠　p.8, p.103

在設施內精密控制植物之生長環境以進行栽培，並對植物生長環境與生育狀況加以觀察，使作物可進行全年計劃性生產。其是一種不受天候影響，具備定期、定品質與定量特點的農作物生產模式。類似工業界中的量產工廠。

植物病害　p.92, p.110 ～ 112

因為生物與／或非生物因素之影響，使得植物的生長發育受到阻礙，以致於未能發揮其固有之生長潛能，外表顯現形態上的改變，產量降低，品質劣化，甚至植株死亡的現象。

植物蟲害　p.112 ～ 114

植物因為昆蟲或動物的取食，而造成植物生長與發育不良、外觀上有明顯異常現象。

殘餌　p.15, p.38, p.88, p.124

投餵給魚隻，但未被其完全吃食完畢而殘存於魚槽中的餌料。

硬度　p.34, p.39

Hardness。即水中多價陽離子的總濃度，如鈣離子（Ca^{2+}）、鎂離子（Mg^{2+}）、鍶離子（Sr^{2+}）、亞鐵離子（Fe^{2+}）、錳離子（Mn^{2+}）、鋁離子（Al^{3+}）、鐵離子（Fe^{3+}）等。在絕大部分的情況下，天然水中的多價陽離子組成主要為鈣離子和鎂離子，其他離子所占比例較少，因此常被忽略不計。水中的硬度在單位上常會把每一種多價陽離子的濃度（g/L）先統一轉換為以每公升（L）水中含有等同當量碳酸鈣（$CaCO_3$）的方式來表示，即 mg $CaCO_3$/L。

無土栽培　p.8, p.103

又稱為水耕栽培，為不使用土壤來種植植物的技術。

無脊椎動物　p.87, p.92

身體背側沒有脊柱構造的動物。

[十三劃]

微量營養元素　p.99 ～ 103

此指的是在植物生長時所需的營養元素之中，於植物體內含量普遍較少（占植物乾重的0.1% 以下）者，包括鐵、硼、錳、銅、鋅、鉬和氯等九種。

微生物　p.87 ～ 94

通常指的是體型（直徑）小於 0.1 mm 的微小生物。

電導度　p.42

代表水中可導電物質（例如帶電離子）的含量，單位為每公分距離的毫西蒙數（mS/cm）或微西蒙數（μS/cm）。水中的可導電物質含量愈多，則可通過水體的電流愈高。

電子傳遞鏈　p.98

Electron transport chain。此指的是葉綠體類囊體膜上所進行的光合磷酸化過程。即高能電子在膜上藉由一系列蛋白質傳送的過程，逐漸將能量釋放出來，並造成膜內外質子（H^+）的濃度差，進而驅動三磷酸腺苷（ATP）的產生。

塑膠　p.22 ～ 26

凡以高分子量的合成樹脂為主體，並為了改變其穩定性、延展性、顏色等性質而加入添加劑（例如塑化劑、穩定劑、潤滑劑、色素物質等），經過加工成型的柔韌性或剛性的材質，均統稱之。

溶氧　p.31, p.37 ～ 45

溶解於水中的氧氣。

飼料轉換率　p.59

在一段特定時間內，動物所攝食之飼料量與這段時間內動物本身所增加之體重的百分比。

溢流管　p.51, p.55, p.58, p.64, p.65

此指的是一個設置於槽桶中的管路構造，管子本身為穿過槽桶壁的垂直向或帶彎管而曲折。其上方管口的高度通常會略低於槽桶的上緣高度，並向下穿過槽桶壁，而下方管口的高度則需低於上方管口的高度。當新水或循環水不斷注入槽桶，其內水位勢必會逐漸升高。但只要在槽桶內設置溢流管，則水位升高至溢流管的上方開口處時，水即會從此管流出。因此，即使有水不斷注入該槽桶，其內水位仍可維持恆定的高度，即溢流管上方管口的高度。

[十四劃]

輔酶　p.102

生物體內具有載運化學基、輔助酵素作用之非蛋白質有機小分子的統稱。輔酶單獨存立時，不具有催化之能力，僅有當與酵素蛋白共同存在時才能發揮催化反應之能力。

對水　p.80 ～ 81

此指的是一個將魚（或其他水生生物）由一處移往另外一處時，設法將其原本所在環境的水質緩慢地調整至與新環境者幾無差異，並讓魚隻逐漸適應新環境水質的步驟。

碳反應　p.98

或稱為固碳作用或暗反應，是綠色植物行光合作用的其中一個步驟，接續在光反應之後。

碳反應其實是一系列由酵素催化進行的反應，使用光反應所產生的三磷酸腺苷（ATP）、還原型菸醯胺腺嘌呤二核苷酸磷酸（NADPH）和氫離子作為能量來源與還原劑，把二氧化碳轉變成糖，作為合成蔗糖、澱粉、纖維素等植物體所需物質的重要原料。

碳水化合物　p.78

也稱為醣類，是多羥基醛或多羥基酮，及其縮聚物或衍生物的統稱，通常由碳、氫與氧三種元素所組成。碳水化合物廣布於自然界中。對生物體而言，它扮演著眾多的角色，是儲存養分和能量的物質，是動物外骨骼和植物細胞細胞壁的主要成分，更是遺傳物質（DNA等）骨架的重要組成之一。日常生活中常見的碳水化合物包括澱粉、蔗糖、果糖、乳糖、葡萄糖、麥芽糖、甲殼素、纖維素等。

聚苯乙烯　p.60

Polystyrene，簡稱為 PS，為一種無色透明的熱塑性塑膠，質體硬而脆，化學式為（C_8H_8）n，常見發泡者即為保麗龍。特性上，易被強酸鹼所腐蝕，也易被丙酮等有機溶劑溶解，不抗油脂，且易在受到紫外光照射後變質變色。不容易回收循環再生，且無法自然分解（包括生物性降解和光分解），因此常成為破壞環境的垃圾。在塑膠分類之中，代碼為 6。

聚丙烯　p.23

Polypropylene，簡稱為 PP，為一種半結晶的熱塑性塑膠，結構強韌，耐熱，抗多種有機溶劑、酸鹼與物理性衝擊，因此是最為常見的塑膠種類之一。在塑膠分類之中，代碼為 5。

聚氯乙烯　p.25

Polyvinyl chloride，簡稱為 PVC，是氯乙烯（vinyl chloride）經聚合反應而成的塑膠材料。它的基本形式為白色的脆性固體，常作為管道、門窗等硬性物件的材料；而在加入塑化劑之後可增加其柔性，用於軟管道、絕緣體、軟標牌等。聚氯乙烯有阻燃性，但在高溫燃燒過程中會釋出有毒氣體。其性質穩定，耐熱，不易被酸鹼腐蝕，用途廣泛。不過，因為塑化劑的使用，常讓大眾對其安全性產生疑慮。在塑膠分類之中，代碼為 3。

聚乙烯　p.22

Polyethylene，簡稱 PE，為乙烯（ethene）聚合反應之後所產生的塑膠。它抗多種有機溶劑與酸鹼，唯不抗氧化性強的酸類（如硝酸）。它是日常最常接觸到的塑膠之一，舉凡塑膠袋、塑膠膜、牛奶瓶等，通常為聚乙烯所製。依照不同的製造法，聚乙烯可進一步分為高密度、中密度、低密度與線性低密度等多種類型。在塑膠分類之中，高密度聚乙烯的代碼為 2；低密度者則為 4。

酵素　p.78, p.98, p.101 ～ 103

或稱酶，為能藉由降低反應活化能來加快生化反應速度的大分子物質。酵素是生物細胞內許多重要代謝過程進行時所不可或缺的關鍵物質。絕大部分的酵素本身為蛋白質。

酸鹼度　p.35, p.41, p.107

酸鹼度又稱 pH 值，定義上指的是水中氫離子（H^+）濃度的負對數值。換言之，酸鹼值代表水中的氫離子濃度。純水中的氫離子濃度為 1×10^{-7} M，酸鹼度為 7。當 pH 值小於 7 時，水質為酸性，且 pH 數值愈小代表水愈酸；相反地，當 pH 值大於 7，代表水質呈鹼性，且水的鹼性愈強，則 pH 數值愈大。

厭氧菌　p.48, p.105

泛指不需要氧氣來行生長、代謝與產生能量的微生物。

維生素　p.77 ～ 79

維持生物正常生理作用時所必需的小分子有機化合物之統稱。它們不是構成組織細胞的成分，也無法提供能量，但卻廣泛分布在體內，在維持正常生理機能、生長、繁殖、抵抗疾病上都有參與。

滲透壓　p.79, p.85, p.101

因半透膜的選擇性，使膜兩邊（或內外）的溶質無法通透，則兩邊溶液為了達成濃度的平衡所產生的壓力稱之。

蒸散作用　p.97

Transpiration。植物體內水分從植物表面散失的現象。

[十五劃]

養液　p.9, p.48, p.60, p.68

此指的是在水耕栽系統中，含有各種植物必需營養素於其內以供植物吸收利用的水溶液。

養液薄膜法　p.24, p.68 ～ 70

Nutrient film technique，簡稱 NFT。此指的是養液薄膜法的水耕栽培方式，即使用硬體將作物懸空，僅讓根系的末端區段接觸深度僅約 1 至 3 公分左右的養液，以獲取其生長時所需的養分以及氧氣。養液薄膜法是常被應用於魚菜共生系統中的植物栽培法之一。

價　p.39, p.109

此指的是化學價，即由一定元素的原子所構成之化學鍵的數量。

[十六劃]

輸水量　p.26 ～ 28

或稱揚水量，即泵浦每單位時間可以驅動輸送的水量。

整批收成　p.123

此指魚菜共生系統中植物栽種與收成計畫的一種方式，即在種植與收成期間僅採收其產品（如果實），對植株本身並未進行大規模移除的動作，直至收成期結束。

還原型菸醯胺腺嘌呤二核苷酸磷酸　p.98

Reduced form of nicotinamide adenine dinucleotide phosphate，簡稱 NADPH。即菸醯胺腺嘌呤二核苷酸磷酸（nicotinamide adenine dinucleotide phosphate；$NADP^+$）的還原形態。NADPH 與 $NADP^+$ 參與生物體內許多合成代謝反應，包括書中所提到之植物葉綠體內光合作用的光反應，是極為重要的核苷酸輔酶。

還原　p.102

或稱還原反應，為氧化反應的逆反應。即被氧化物因失去電子而使氧化數上升的同時，被還原物會因為得到電子而讓氧化數下降。後者即為還原反應，是氧化還原反應的半反應之一。

[十七劃]

總溶解性固態物　p.42

Total dissolved solids，簡稱 TDS。一般的水體中除了液體的水之外，常含有固體。當取一定量的水樣並攪拌均勻，經過濾紙（篩目 1.5 μm）過濾之後的水，再經 103 ～ 105℃蒸發去除所有水分之後，所剩下的固體即為總溶解性固體。溶解性固體的組成主要為溶解性鹽類，而其離子即為水中可導電物質的來源。

總氨態氮　p.12, p.14 ～ 16, p.36, p.45

即氨（ammonia；NH_3）與銨（ammonium；NH^{4+}）之總和。

螯合劑　p.110

螯合劑指的是可以與其他元素或物質進行螯合作用，使成為螯合物的物質。而所謂的螯合物，是稱為錯合物的化學物質中的其中一個類型。其化學結構中，具有一或多個五或六環結構，並提供多對電子能與中心體鍵結，讓整個結構穩定，就好像螃蟹的大螯般，把中心體的元素（或物質）緊緊夾住。

餵食率比　p.15 ～ p.116

在種植植物每單位的面積下，每日投餵給魚類的飼料量。

[十八劃]

離子　p.39

指的是原子失去或得到一或多個電子，使其最外層電子數改變而產生的穩定結構。因為其少或多了電子，讓其帶有電荷。帶有正電荷的原子稱為陽離子;而帶負電荷者則稱為陰離子。

濾材　p.28 ～ 30

此指放置於過濾槽桶之內或外，而可以對水質進行過濾與改善作用的任何材料之統稱。

[十九劃]

醱酵　p.105

醱酵的含義在不同領域不完全相同。在此書中，醱酵指的則是微生物在有氧或無氧的環境狀況之下，分解各種有機物，將其由大分子轉變為小分子，同時並釋出能量的過程。換句話說，亦即以有機物作為電子的受體所進行的氧化還原反應。

關鍵可收穫量　p.124

一個養殖系統之中，在不會造成魚隻成長限制的情況下，所能生產的最大魚產量。

[二十劃]

礦物質　p.30, p.79, p.109

此指生物體內無機物的總稱，即不含碳、氫、氧、氮等的物質。它們是構成生物體組織、維持正常生理功能與生命現象的重要元素。

礦質化作用　p.54, p.87, p.88, p.93, p.108

Mineralization。即有機質在微生物的作用下，逐漸分解而轉變成構造簡單之無機化合物，並釋出二氧化碳的過程。

藻類　p.23, p.87, p.92

為數種不同類但絕大部分具有葉綠體而會行光合作用產生能量的自營性生物之統稱。它們普遍被視為是最簡單的植物，但缺乏根莖葉等在高等植物上可發現的構造。

[二十三劃]

纖維強化塑膠　p.22 ～ 24

Fiber reinforced plastic，簡稱為 FRP，即作為基體的樹脂，與強化用之纖維（玻璃纖維、碳纖維等），兩者所結合而成之複合材料。具有高強度、高耐化性、質輕、裁切運送安裝簡單等優點。

[二十四劃]

鹼度　p.34 ～ 35, p.39, p.43

Alkalinity。為水對酸緩衝能力的一種量度，而在水中形成鹼度的物質主要為弱酸的鹽類，亦包括弱鹼、強鹼。在絕大部分情況下，天然水中的鹼度是由溶於水中的二氧化碳（CO_2）及其後續所形成之重碳酸根離子（HCO_3^-）、碳酸根離子（CO_3^{2-}）與氫氧根離子等造成。會形成鹼度的物質相當多而不易確認，因此在實務上仍以前述三者的總和來作為鹼度的依據，單位上是以 mg $CaCO_3$/L 來表示。

鹽度　p.40, p.42, p.77, p.85

一個用來表示水中鹽分多寡的水質項目。水中鹽分的來源，通常主要為氯化鈉（sodium chloride；NaCl；也就是食鹽），以及其他的鹽類，單位為 ppt 或 p.s.u.（practical salinity unit）。

[英文字母開頭]

IBC　p.23

即一噸方桶（intermediate bulk container；IBC）之簡稱，材質為高密度聚乙烯（high density polyethylene；HDPE），具有容量大、質輕、強度高 、耐酸鹼、節省空間等特性。

UVI 魚菜共生系統　p.30

指的是在 1990 年代末期至 2000 年初期由維京群島大學（University of the Virgin Islands）的 James Rakocy 博士等人所研究與設計之魚菜共生系統，因此以該單位名之英文縮寫（UVI）為名。在該系統中所生產的魚類為吳郭魚，作物則為多種品系的沙拉葉菜（各式蘿蔓等）。槽體的部分，UVI 魚菜共生系統中設置了魚槽（每槽直徑 10 呎，高度 4 呎，水量 2,060 加侖；共 4 槽）、採深水式種植的菜槽（長度 100 呎，寬度 4 呎，深度 16 吋，水量 3,000 加侖，種植面積 2,304 平方呎）、集水槽（直徑 4 呎，高度 3 呎，水量 160 加侖）、沉澱槽（直徑 6 呎，高度 4 呎，水量 1,000 呎）、生化過濾槽與去氮氣槽（長度 6 呎，寬度 2.5 呎，深水 2 呎，水量 185 加侖）、鹼添加槽（直徑 2 呎，高度 3 呎，水量 50 加侖）等，總系統水量為 29,375 加侖，流速每分鐘 100 加侖，並使用一座 1/2 hp 之打水泵浦，一座 1 又 1/2 hp 的打氣泵浦，與一座 1 hp 的打氣泵浦。UVI 魚菜共生系統幾乎可說是全世界中大型商業化運作之魚菜共生系統設計最成功的典範之一與大眾模仿參考的對象，原因不外乎其設計與所有的運作是經過精密的量測、計算與定量等程序，並加以標準化。因此，系統運作的再現性與成功率極高，使該設計本身的可信度與參考價值均高。

NOTES

魚菜共生自學指南

從居家觀賞、自給自足、社區教育到
工廠生產，建立綠色永續的現代耕養系統

作　　者　　吳瑞梹

總 編 輯　　王秀婷
責任編輯　　李　華
美術編輯　　張倚禎
版　　權　　徐昉驊
行銷業務　　黃明雪

發 行 人　　凃玉雲
出　　版　　積木文化
　　　　　　104台北市民生東路二段141號5樓
　　　　　　電話：(02) 2500-7696｜傳真：(02) 2500-1953
　　　　　　官方部落格：www.cubepress.com.tw
　　　　　　讀者服務信箱：service_cube@hmg.com.tw
發　　行　　英屬蓋曼群島商家庭傳媒股份有限公司城邦分公司
　　　　　　台北市民生東路二段141號11樓
　　　　　　讀者服務專線：(02)25007718-9｜24小時傳真專線：(02)25001990-1
　　　　　　服務時間：週一至週五09:30-12:00、13:30-17:00
　　　　　　郵撥：19863813｜戶名：書虫股份有限公司
　　　　　　網站：城邦讀書花園｜網址：www.cite.com.tw
香港發行所　　城邦（香港）出版集團有限公司
　　　　　　香港灣仔駱克道193號東超商業中心1樓
　　　　　　電話：+852-25086231｜傳真：+852-25789337
　　　　　　電子信箱：hkcite@biznetvigator.com
馬新發行所　　城邦（馬新）出版集團 Cite（M）Sdn Bhd
　　　　　　41, Jalan Radin Anum, Bandar Baru Sri Petaling, 57000 Kuala Lumpur, Malaysia.
　　　　　　電話：(603) 90578822｜傳真：(603) 90576622
　　　　　　電子信箱：cite@cite.com.my

製版印刷　韋懋實業有限公司
封面設計　張倚禎
內頁排版　張倚禎

城邦讀書花園
www.cite.com.tw

2016年11月29日　初版一刷
2023年02月17日　初版六刷
售　價／NT$480
ISBN　978-986-459-067-4【紙本／電子書】

Printed in Taiwan.

有著作權・翻印必究

國家圖書館出版品預行編目資料

魚菜共生自學指南 / 吳瑞梹著. -- 初版.
-- 臺北市：積木文化出版：家庭傳媒城
邦分公司發行, 2016.11
　面；　公分
ISBN 978-986-459-067-4(平裝)

1.蔬菜 2.栽培 3.養魚

435.2　　　　　　　　　105020763